探秘金属和类金属

[英] 克丽丝塔·韦斯特 ◎ 著

付金柱　赵　瑾 ◎ 译

上海科学技术文献出版社
Shanghai Scientific and Technological Literature Press

图书在版编目（CIP）数据

化学在行动．探秘金属和类金属 /（英）克丽丝塔•韦斯特著；付金柱，赵瑾译．—上海：上海科学技术文献出版社，2025．—ISBN 978-7-5439-9096-8

Ⅰ．O6-49

中国国家版本馆 CIP 数据核字第 2024ME2041 号

Metals and Metalloids

BROWN BEAR BOOKS A Brown Bear Book

Devised and produced by Brown Bear Books Ltd, Unit G14, Regent House, 1 Thane Villas, London, N7 7PH, United Kingdom

Chinese Simplified Character rights arranged through Media Solutions Ltd Tokyo Japan email: info@mediasolutions.jp, jointly with the Co-Agent of Gending Rights Agency (http://gending.online/).

图字：09-2022-1060

责任编辑：付婷婷
封面设计：留白文化

化学在行动．探秘金属和类金属
HUAXUE ZAI XINGDONG. TANMI JINSHU HE LEIJINSHU
[英]克丽丝塔•韦斯特　著　付金柱　赵　瑾　译
出版发行：上海科学技术文献出版社
地　　址：上海市淮海中路 1329 号 4 楼
邮政编码：200031
经　　销：全国新华书店
印　　刷：商务印书馆上海印刷有限公司
开　　本：889mm×1194mm　1/16
印　　张：4.25
版　　次：2025 年 1 月第 1 版　2025 年 1 月第 1 次印刷
书　　号：ISBN 978-7-5439-9096-8
定　　价：35.00 元
http://www.sstlp.com

目录

1 金属的性质

我们身边的很多物质都是金属制作的，小到回形针，大到喷气式飞机的机翼。金属也会形成许多重要的化合物，这些物质被用来制造染料和肥皂等各种日用品，甚至存在于我们的体内。

地球上近3/4的元素是金属元素。当今先进的科技手段几乎可以用金属制造一切，从摩天大楼、航天器到药品和染料。

大约5 000年前，人类就开始使用金属制造工具。那个时期大多数金属制品是用青铜制成的，历史学家称其为青铜时代。青铜是铜和锡两种金属元素的合金。青铜器物虽然并不是很坚固，但仍然可以用它制造的各种各样的工具来帮助人类生存。

准备用来装填食物的金属罐。金属是非常实用的材料，存在于我们日常生活的各个领域。

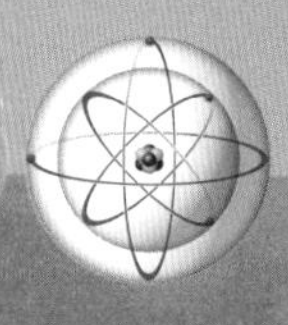

大约从公元前1900年开始，人类开始使用一种更为坚硬的金属——铁。铁器时代由此开启。铁制工具和武器比青铜器更加坚固耐用。能够使用铁器的文明比那些仍然使用青铜器的文明更容易在竞争中取得胜利，因为装备铁制武器的军队更有能力击败那些装备青铜武器的军队。

在铁器时代，大量移民（人口流动）穿越亚欧大陆。随着他们掌握了使用铁器的技术，他们的文明变得更加强大，他们开始占领更多新的领土。铁至今仍是最为常用的金属，95%的金属制品都含有铁。

初识金属

金属虽然没有严格的定义，但金属往往具有许多类似的特性：大多数金属在常温条件下是固体，只在高温下才会熔化和沸腾。它们具有光泽、韧性和延展性，可以拉伸成细丝。金属也是良好的导体，可迅速导电、导热。

在地球上自然发现的90多种元素中，有65种是金属。铁（Fe）和镍（Ni）是地球上最常见的金属元素。

化学在行动

色彩的特点

金属的一些用途我们早已司空见惯，比如电线和把汽车零件固定在一起的螺栓，其他的我们则知之甚少，比如唇膏、染料和油漆等有色物品。其中许多颜色是由于它们含有金属。一些金属可以制作许多不同的颜料（有色物质），例如，铬可以制作黄色、红色和绿色的颜料。

▼ 许多颜料的色彩来源于其含有的金属。

▲ 雕像是青铜制成的，而青铜是由铜和锡两种金属组成的混合物或合金。青铜已有5 000年的历史，而这种合金至今仍是一种实用的材料。

科学家认为地球超高温的地核是由金属组成的。在地壳岩石中，铝（Al）是最常见的，其次是铁、钠（Na）、钾（K）和镁（Mg）。与大多数其他金属一样，这些元素以矿石的形式存在。矿石是一种含有大量金属的天然化合物或矿物。（化合物是两种或两种以上元素的原子在化学反应中结合而形成的物质。）只有少数金属不是矿石，而是纯净物，比如金和银。

其他金属必须从矿石中提炼出来。精炼后的金属已去除其他不需要的元素而被提纯。提纯后，大多数金属就被用于制造合金。合金是由两种或两种以上金属混合而成的金属物质。例如，黄铜是铜和锌的合金。

有7种元素被定义为类金属。这些物质兼具金属和非金属的特性，又被称为半金属。硅是最常见的类金属。类金属的独特之处在于，它们是半导体。半导体只在某些特定条件下导电，其他时候是绝缘体，阻碍热量和能量的流动。

金属分类

地球上有很多不同类型的金属，化学家根据它们的原子结构和性质将它们分组归类。这有助于化学家预测不同金属在遇到其他元素时的反应。

学习不同金属分类的最简单方法就是使用元素周期表，这是一个有条理的元素归类表。元素周期表提供了有关单个元素和各元素族的信息。表的左侧是金属，右侧是非金属。大多数元素是金属，它们占据整张元素周期表一半以上。

关键词

- **合金：** 由两种或多种化学组分构成的固溶体或化合物形式的材料或物质。
- **金属：** 通常为固体，具有光泽、成型性、延展性和导电性的元素。
- **类金属：** 兼具金属和非金属特性的物质。
- **精炼：** 去除其他不需要的元素来净化金属的工艺和方法。
- **矿石：** 经由地质活动富集，含有有用矿物为主体成分，并混杂有一定量脉石，具有工业开采价值的岩石物质。

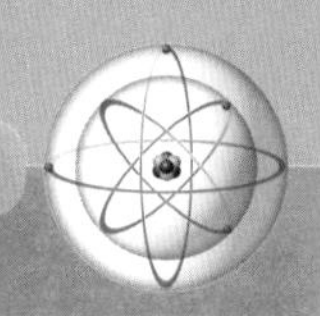

化学在行动

星尘

科学家们认为，只有氢、氦和锂三种元素是在140亿年前大爆炸的最初时刻被创造出来。氢气和氦气数量最为庞大，而金属锂数量相对少很多。锂是所有金属中最轻的、原子最小的，它能漂浮在水和油的表面。

▶ 锂是最简单的金属，它存在于形成恒星的巨大气团和尘埃云中。

元素周期表用于展示元素之间的化学趋势。金属元素位于左下角，非金属位于右上角。金属和非金属之间的边界是一条从铝（Al）到钋（Po）贯穿的对角线。

元素周期表中的元素组成列，每一列元素称为族。每个族都对应一个数字，显示其列在元素周期表中的位置。

同族原子具有相似的原子结构。正是这种结构决定了元素将如何反应并形成键。本书解析了五种金属。

金属原子内部结构

包括金属在内的所有物质都是由原子构成的。原子是能够保持其化学性质的最小单位。原子的结构很重要，因为它决定了该元素如何与其他元素形成化学键。一种元素形成化学键的方式决定了该种物质的许多性质。让我们一起看一下原子的内部结构。

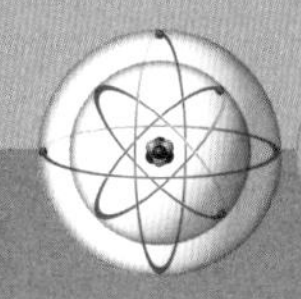

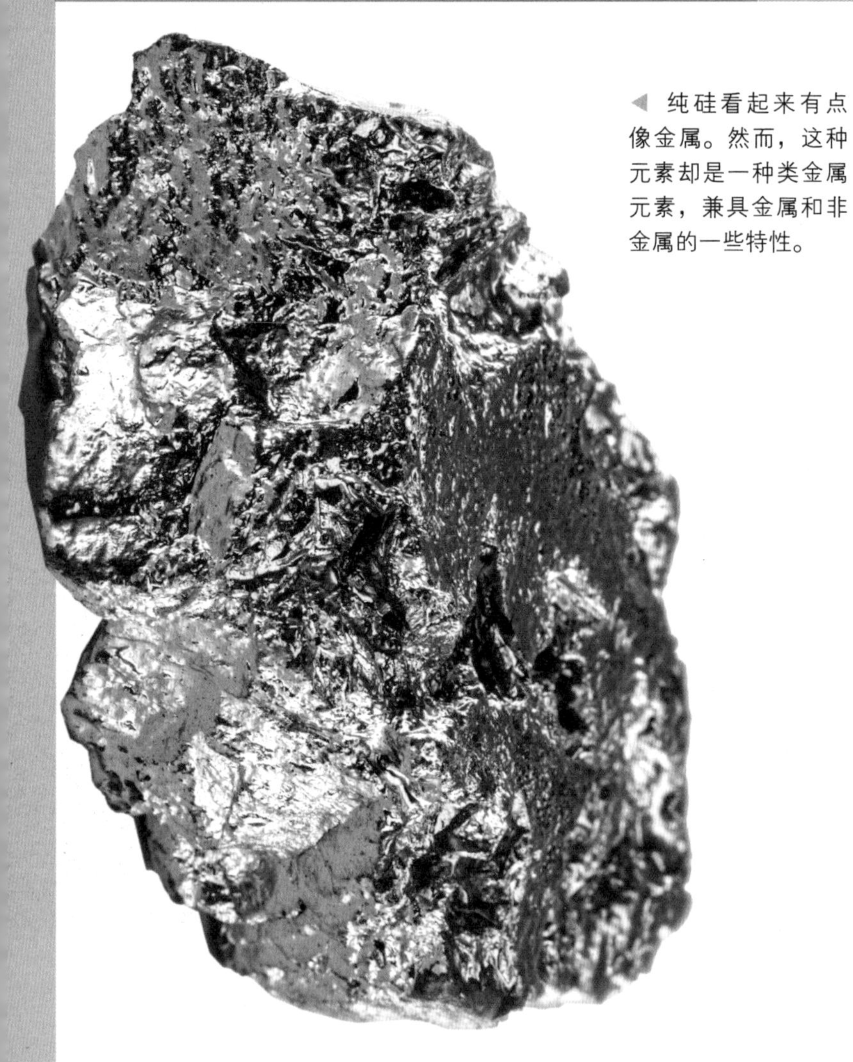

◀ 纯硅看起来有点像金属。然而，这种元素却是一种类金属元素，兼具金属和非金属的一些特性。

原子的中心是原子核，一般是一个由质子和中子组成的，其中质子是带正电的粒子，而中子不带电。

质子使得原子核带正电荷。由于相反的电荷相互吸引，相同的电荷相互排斥（推开），因此，原子核吸引了带负电的粒子——电子，它们围绕着原子核运动。参与化学反应的就是原子的电子。

电子得失

电子环绕在原子核的外层运动。较大的原子比较小的原子拥有更多的电子。它们的电子排列在更多的电子层中。电子从原子核向外依次填充电子层。最小的电子层离原子核最近；下一个电子层更大，可

▼ 金属原子的最外层电子层中只有很少几个电子。少数金属的原子有三个或四个最外层电子，但几乎所有金属原子只有一个或两个最外层电子。最外层电子的数量较少，使得金属的特征和反应方式相似。

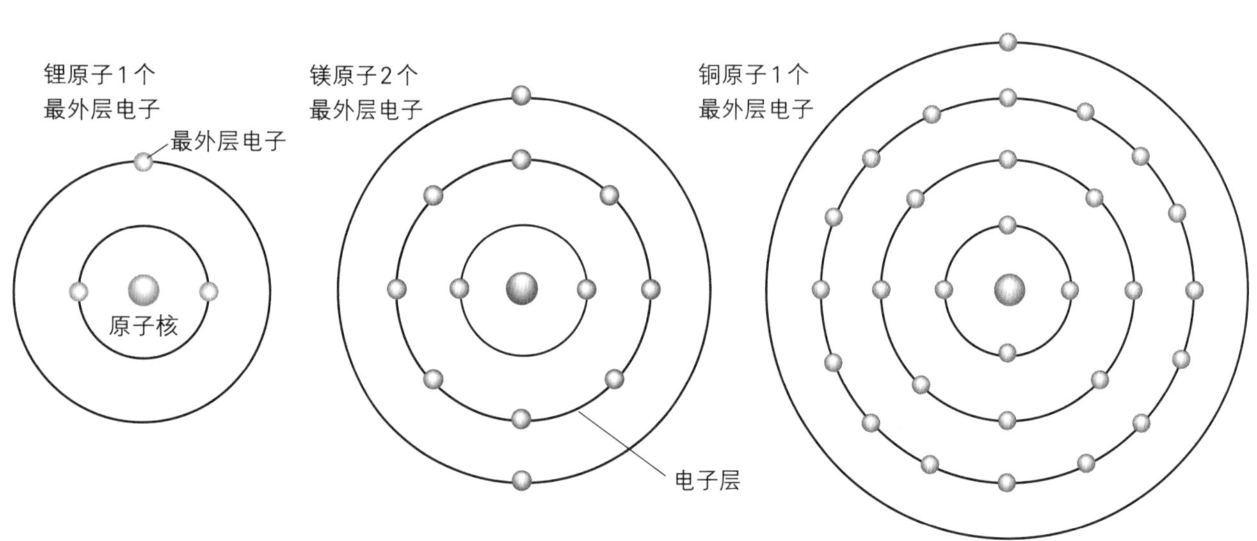

关键词

- **原子**：构成自然界各种元素的基本单位。
- **化学键**：直接相邻的原子或离子之间存在的强烈的相互作用。
- **电子壳层**：围绕原子核的一层电子。
- **元素**：具有相同核电荷数（质子数）的同一类原子的总称。
- **原子核**：原子中心高密度的部分，由质子和中子组成。
- **价电子**：原子核外电子中能与其他原子相互作用形成化学键的电子。它们参与化学反应。

容纳更多的电子；每一个新的电子层都离原子核更远，容量也更大。

位于最外层的电子——价电子，是参与化学反应的电子。原子价电子的数量决定了该原子如何与其他原子形成化学键。

当一个原子形成化学键时，它会失去、获得或共享电子，变得更为稳定。一个稳定的原子的最外层电子层要么充满电子，要么是空的。最外层电子层接近充满的原子不容易失去电子，而是从其他原子获得电子以变得稳定。最外层电子较少的原子很容易失去这些电子，使得最外层电子层变空，原子也变得稳定。

几乎所有金属的原子只有一个或两个价电子。（少数金属有三个或四个。）所以金属元素通常会失去电子以形成化学键。正是这种表现使金属具有相似的特征。

历史沿革

黄金与贪婪

印加人从1438年到1533年生活在秘鲁的安第斯山脉。他们在山上建造了由岩石筑成的城市。更令人惊叹是印加建筑是在没有金属工具的情况下建造的。当时印加人不会提纯铜或铁，只能用坚硬的石头制作锤子、斧子和其他装备。但是，印加文明大量使用了另一种金属——黄金。印加人挖掘到纯金，称其为“太阳的汗水”，他们用黄金制作杯子、珠宝和雕像，但黄金太软，无法制作其他工具。对印加人来说黄金很常见，并不值钱。然而，第一批来到秘鲁的欧洲人却持有相反的价值观。

1532年，西班牙探险家是第一批到访印加的外人。印加人向来访者赠送了精美的布料，但西班牙领队弗朗西斯科·皮萨罗（约1475—1541）却对他们的黄金更感兴趣。在战斗中西班牙人击败印加人后，皮萨罗将印加国王阿塔瓦尔帕关押起来，直到他的人民支付了巨额赎金。印加人支付了整间房的黄金和两个房间的白银，但皮萨罗出尔反尔，还是处决了阿塔瓦尔帕。

▶ 入侵印加帝国的西班牙人到处寻找黄金制品，比如现藏哥伦比亚博物馆的这个面具。

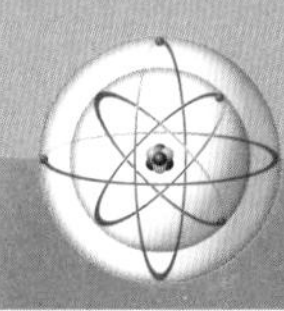

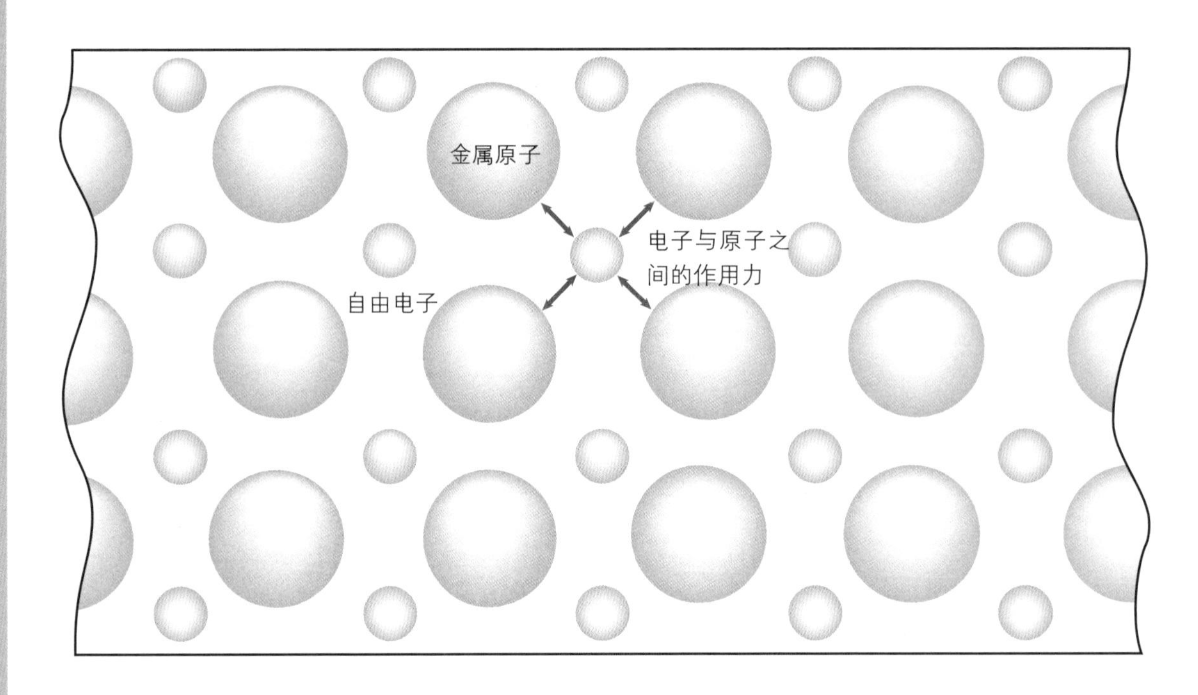

▲ 自由电子围绕着金属原子。电子将原子黏合在一起，形成所谓的金属键。

金属键

金属通过金属键结合在一起。当金属原子彼此共享其最外层电子时，这些键就会形成。最外层电子从原子中游离出来，形成一个电子池，如同“海洋”一般。电子的海洋包围着金属原子，每个自由电子都被它周围的多个原子核所吸引。由于粒子同时被多个方向拉拽，电子海形成了一种“粘合剂”，将金属原子粘在一起。

电子的海洋可以穿流整块金属，这赋予金属许多物理特性。

金属的特性

如前所述，金属元素具有相似的原子结构，它们以某种特定方式相互结合。因此，金属具有许多特性。

▼ 金属有许多相同的特性，但它们之间也有许多差异。大多数金属呈银色，且坚硬，就像这些钉子。然而，汞的不同寻常之处在于在常温下它是液体。其他金属如铜，呈红棕色。

- **坚固且有光泽：**紧密堆积的金属原子形成固体，能够很好地反射光线，使金属看起来具有光泽。
- **韧性：**束缚金属原子的电子海可以流动。原子也不是固定在一个位置，因此金属可以弯曲或打压成新的形状而不会断裂。
- **延展性：**当金属被拉伸成金属丝时，电子海继续围绕原子流动。因此，金属键可以使金属形成很细的丝线。
- **导电：**电子海可以不断移动，如果使电子朝一个方向流动，它们就会形成电流。
- **高沸点和熔点：**金属键是强化学键，因此固体金属通常是坚硬的固体。强化学键需要巨大的能量才会被破坏，这样固体金属就可以熔化成液体，甚至可以将液态金属沸腾成气体。

金属的化学反应

金属是活泼元素，因为它们容易失去或共享其价电子。涉及金属元素的两种常见化学反应是化合反应和置换反应。

▶ 纽约港的自由女神像是铜制的，建成于1886年，多年来，铜与空气中的化学物质发生反应，生成了一种为铜绿的蓝绿色化合物。

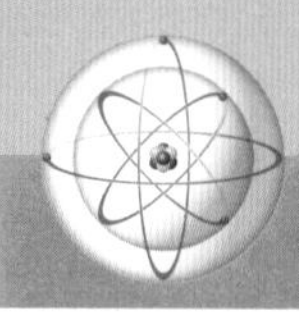

▲ 钢被加热以制造工业品。高温时，金属足够软，可以弯曲成型。当它冷却时，会变得坚硬，非常坚硬！

在这些反应中，金属变成了离子。离子是失去或获得一个或多个电子的原子。金属原子失去最外层电子，形成带正电的离子。在反应过程中从金属中获得电子的原子变成带负电的离子。

电荷相反的离子相互吸引，这种离子间的吸引力形成离子键，进而形成了离子化合物。

大多数离子化合物是在金属向非金属提供电子时形成的。离子化合物的一个常见示例是氯化钾（KCl）。它是钾（K）与氯（Cl）结合时产生的。钾很容易发生反应，只要失去一个价电子。氯气是一种非金属气体，它的原子需要得到一个电子才能稳定。把钾和氯放在一起，钾原子将失去它们的最外层电子，转移给氯：

$$2K + Cl_2 \longrightarrow 2KCl$$

反应活性

有些金属比其他金属更活泼。高活性金属比低活性的金属更容易失去其最外层电子。因此，金属原子经常参与置换反应。当高活性元素取代化合物中低活性元素时，就是这种情况。例如，钾比钙（Ca）更具活性。所以纯钾会与氯化钙（$CaCl_2$）反应生成纯钙和氯化钾。然而，纯钙的活性不足以取代化合物中的钾。

关键词

- **化合物**：两种或两种以上元素形成的单一的、具有特定性质的纯净物。
- **传导性**：一种物质具有良好导电和导热的特性。
- **韧性**：一种固体可以对抗形变的能力。
- **延展性**：一种材料可以被碾压成平板或拉成长细丝状的特性。

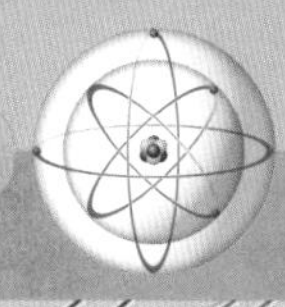

化学在行动

金属活性顺序

金属可以按活性进行分类排序——活性最高的金属在顶部，活性最低的在底部。金属的反应活性取决于它们的原子失去最外层电子的难易程度。下表展示了一些常见金属的活性。

金属	符号	反应
钾	K	
钙	Ca	
钠	Na	与水反应
镁	Mg	
铝	Al	
锌	Zn	
铁	Fe	与酸反应
锡	Sn	
铜	Cu	
汞	Hg	与强氧化性酸反应
银	Ag	
铂	Pt	不反应
金	Au	

◀ 金属的用途极为广泛。这些塔架就是用钢制成的，这使得它们的结构非常坚固。可以在钢表面涂上另一种金属锌涂层，以防止生锈。塔架之间的电线是由铝制成的，这是一种良好的导体，重量也很轻。

2 碱金属

碱金属是最活泼的金属。最常见的碱金属是钠和钾。许多实用的化合物都含有这些金属，比如食盐、小苏打和火药。

第Ⅰ族元素位于元素周期表左侧第一列，又被称为碱金属。第Ⅰ族元素包括六种金属：锂（Li）、钠（Na）、钾（K）、铷（Rb）、铯（Cs）和钫（Fr）。这些金属的前五种是在19世纪发现的，科学家们研究出了如何从自然界中发现的化合物中提炼这些碱金属的方法。1807年英国化学家汉弗莱·戴维（1778—1829）发现了钾和钠。1817年瑞典人约翰·阿尔韦德松（1792—1841）发现了锂。1861年德国人罗伯特·本生（1811—1899）发现了铯和铷。钫是直到1939年才被发现，因为它是地球上最稀有的元素，我们对其知之甚少。

肥皂中的化合物含有碱金属钠和钾。这些化合物与水混合时会形成气泡。

化学在行动

碱金属化合物

化合物	分子式	俗称	主要用途
氯化钠	NaCl	食盐	用来给食物调味
碳酸氢钠	$NaHCO_3$	小苏打	用于烘焙食品发酵
氢氧化钠	NaOH	烧碱	用来制造肥皂
碳酸钾	K_2CO_3	钾碱	用于制造玻璃、搪瓷和肥皂
氯化钾	KCl	—	用作植物肥料
硝酸钾	KNO_3	硝石	用于制造火药、玻璃

▲ 一架农用飞机正在向农作物喷洒肥料。许多植物肥料都含有碱金属化合物。

尽管化学家们使用了不同的方法发现这些元素，但他们几乎同时意识到这些新发现的金属具有相似的原子结构，以及相似的化学和物理性质。例如，碱金属是因为其许多化合物是碱性的而被称为碱金属的，而且它们比大多数其他金属要软得多。

原子结构

碱金属在最外层只有一个价电子，因此它们为了变得更稳定就会很容易失去这个电子。氢只有一个电子且也容易失去，也包括在第Ⅰ族中。然而，氢气在通常条件下是一种气体，不被认为是金属。

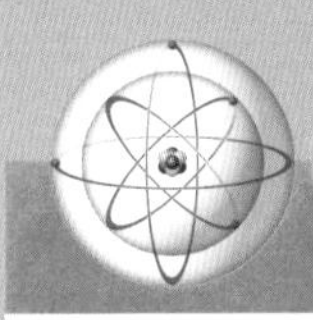

正是它们唯一的最外层电子使碱金属非常活泼。在化学反应中，活性元素极易与其他原子形成化学键。

▶ 纯钠非常软，可以用钢刀切开。

碱和酸

碱是由相互吸引的带相反电荷的离子组成的离子化合物。碱含有大量带负电荷的氢氧根离子（OH^-）。碱中的正电荷离子通常是金属离子。例如，氢氧化钠（NaOH）是由钠离子（Na^+）与氢氧根离子结合而成的。

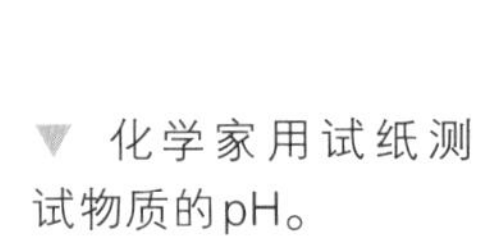

▼ 化学家用试纸测试物质的pH。

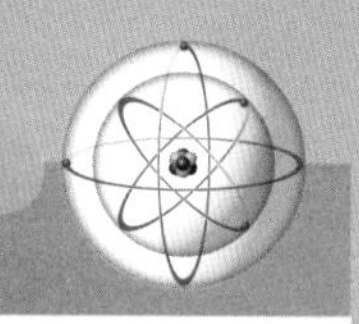

酸与碱相反，它含有大量氢离子（H^+）。当碱与酸反应时，氢氧根离子和氢离子结合生成水（H_2O）。酸和碱中的其他离子也形成一种产物，化学家称之为盐。例如，氢氧化钠和盐酸（HCl）反应生成水和氯化钠（NaCl）。氯化钠就是食盐，用于给食物调味。该反应如下：

$$NaOH + HCl \longrightarrow NaCl + H_2O$$

化学家用pH来度量酸和碱中离子的数量。pH低于7被认为是酸性的，高于7被认为是碱性的。水的pH是7，因此它是中性的，既不是酸也不是碱。

性质

由于所有的碱金属都有相似的原子结构，所以它们看起来也很相似，性质也相似。碱金属具有以下物理和化学性质。

- **柔软**：所有碱金属都非常软，可以用钢刀切割。碱金属原子大小和质量越大，金属越软。因此，元素周期表这一列越靠下，金属越软。例如，铯在室温下几乎是液态的。柔软是由于金属键很弱。碱金属每个金属原子只有一个自由电子组成电子海，电子在金属原子之间弥散分布。因此，原子结合在一起的化

近距离观察

提炼碱金属

碱金属很活泼。虽然许多碱金属在自然界中很常见，但它们总是与其他元素结合形成化合物，例如食盐。

化学家无法通过化学反应提取碱金属，而必须使用电。电流通过电解工艺将某些化合物中的元素分离出来。即使是像碱金属这类最活泼的元素，也可以用这种方法进行分离。当然，越是活泼的元素需要的电流也越大。

在电解过程中，带正电和带负电的电极棒浸入含有待分离化合物的液体中。每根电极棒吸引带相反电荷的粒子，从而打破化合物的化学键，分离出不同成分的物质。

1807年，汉弗莱·戴维使用这种技术首先提炼出钾，然后是钠。这是人类第一次提炼出碱金属。戴维用一种叫作电堆的简单电池来产生电流。戴维的助手是迈克尔·法拉第（1791—1867），他继续研究电学，后来发明了电动机。

▲ 电解用于大规模分离碱金属，也用于分离氢气等气体。

学键并不牢固。

- **金属光泽：**所有碱金属都有光泽。大多数是银灰色的，只有铯是金黄色。
- **良导体：**所有碱金属都能很好地导热和导电。
- **独特的焰色：**当碱金属燃烧时，它们产生具有特征颜色的火焰。锂燃烧时呈暗红色，钠燃烧时呈黄色，钾燃烧时呈淡紫色，铷燃烧时也呈红色，铯燃烧时产生蓝色火焰。
- **反应活性强：**碱金属必须储存在煤油中，它们才不会与空气中的氧气反应。这些金属的反应非常快速和剧烈，以至于释放了大量热和气体，甚至发生爆炸。原子直径大的碱金属比原子直径小而轻的碱金属更容易发生反应——原子直径大在反应过程中更容易失去其唯一的最外层电子。

化学键的形成

碱金属唯一的最外层电子是它们的原子如何与其他元素反应的关键。为了变得更加稳定，碱金属原子必须失去它唯一的最外层电子，如此便清空了它的最外层电子。一般是通过形成离子化合物来

关键词

- **碱：**能在水溶液中电离生成羟基（OH^-）的化合物。
- **化学反应：**组成物质的原子重新排列组合产生新物质的过程。
- **离子：**原子或原子团得失电子后形成的带电微粒。

▼ 原子直径大的碱金属比原子直径小的碱金属更活泼。在直径较小的原子中，如锂，最外层电子离原子核更近。因此，电子被更稳定地束缚在其位置上，并且不太容易发生化学反应。在一个直径较大的原子中，比如钾原子，最外层电子的束缚较弱，在反应过程中更容易失去。

反应活性

锂

钠

钾

最外层电子

最外层电子

原子核

最外层电子

小

大

原子直径大小

实现。

当金属原子把电子给非金属原子时，就会生成了离子化合物。失去电子的原子失去了负电荷，变成正离子。化学家称带正电荷的离子为阳离子。获得电子的原子接收了额外的负电荷，成为带负电荷的离子，化学家称之为阴离子。阳离子和阴离子带有相反的电荷而相互吸引，从而在它们之间形成离子键，生成化合物。

氯化钠就是这样由钠（Na）和氯（Cl）形成的。钠是一种典型的碱金属。在变得稳定之前，它有一个电子可以给出。氯气是一种非金属气体，需要获得一个电子填满它的最外层电子层才能变得稳定。

把钠和氯放在一个容器中，钠会失去它的最外层电子（成为阳离子Na^+），而氯会获得这些电子（变成阴离子Cl^-）。阳离子Na^+与阴离子Cl^-结合形成化合物NaCl，即食盐的化学式。化学方程式为：

$$2Na + Cl_2 \longrightarrow 2NaCl$$

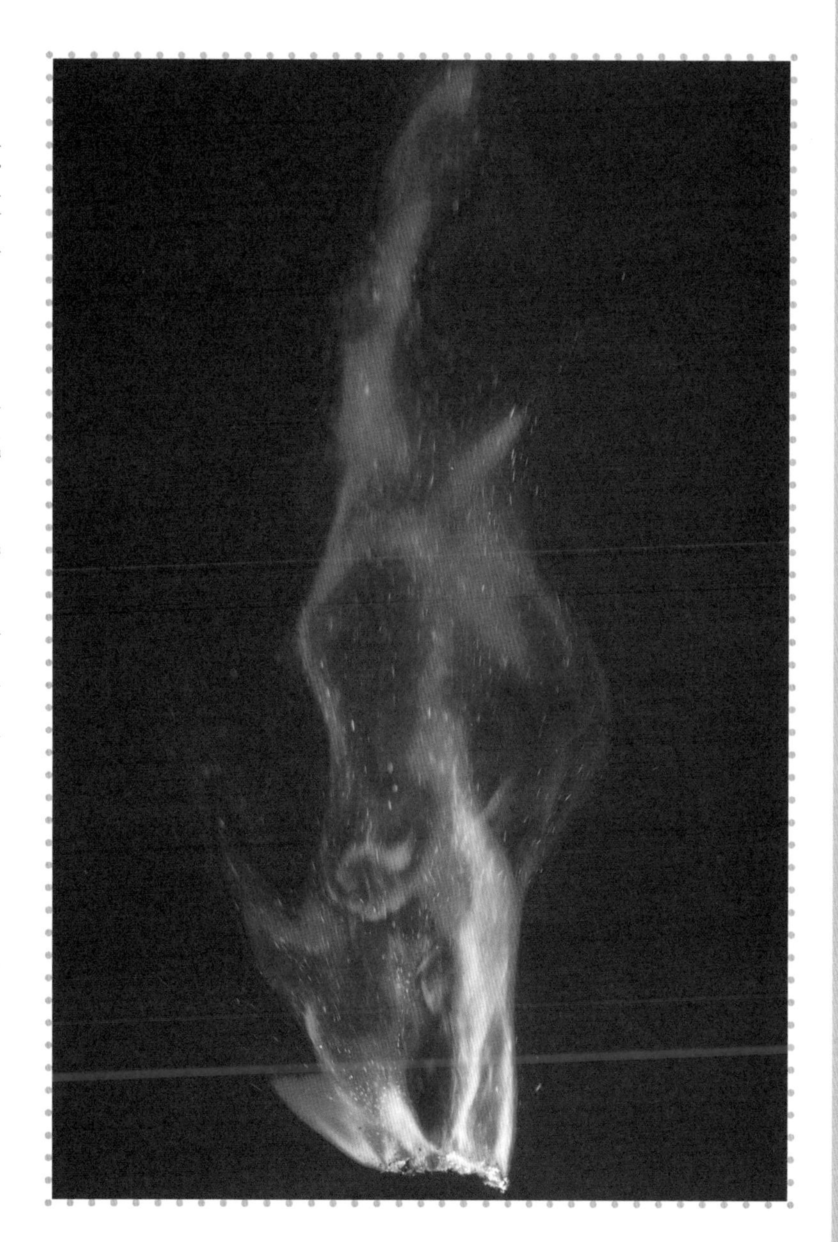

▲ 钾与空气中的氧气发生反应，并燃烧呈现明亮的淡紫色火焰。这是其独特的火焰颜色。

碱的形成

碱金属最重要的反应就是与水的反应。这个反应生成了重要的碱类化合物，这也是以金属命名的化合物。在大多数情况下，反应非常剧烈，金属会燃烧。铯的反应极具爆炸性，即使是很厚的玻璃容器也会被震碎。

锂作为反应活性最弱的碱金属，与水的反应相对平缓。当把锂（Li）加到水（H_2O）中时，金属原子会与水中的氧原子和氢原子结合。它们生成锂离子（Li^+）和氢氧根离子（OH^-）。这些离子形成碱——氢氧化锂（LiOH）。水中剩

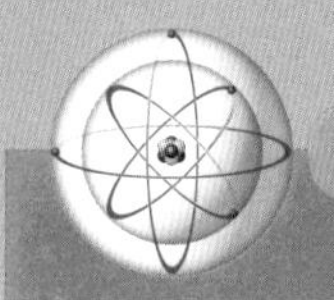

下的氢原子形成双原子的氢分子（H_2）。这些氢分子以气体的形式释放出来。

该反应的化学方程式为：

$$2Li + 2H_2O \longrightarrow 2LiOH + H_2\uparrow$$

来源

钠和钾是两种最重要的碱金属，它们是地球上排名第六和第七丰度的元素。钠盐和钾盐溶解在海水中。钠在海水中所占

试一试

气泡火箭

碱金属的这种活跃的反应性可以为自制火箭提供动力。实验需要一个卫生纸卷、一个空圆罐、一个纸盘、一些水和半片治疗消化不良的消食片，如阿卡塞泽（Alkaseltzer）泡腾片。

用胶带将卫生纸卷竖直贴在盘子上，然后把盘子放在户外的空地上。在空圆罐中装一半的水，再放入半片药片，并迅速盖上盖子，确保盖紧。把小罐倒置，放入卫生纸卷中，退后等待几秒钟。注意：不要从上向下看卫生纸卷。

圆罐很快就会发射到空中，水会溢出到卫生纸卷发射器和盘子里。所以如果想重复几次这个实验，这些实验道具需要更换。

圆罐火箭的动力来自药片与水的反应。这种药片中含有碳酸氢钠，当它放入水中时会产生二氧化碳气体。气体在罐内不断积聚，气体压力也不断升高，当压力足以推开罐盖时，就会瞬间释放。当气体喷出时，会迅速把圆罐推升到发射装置上方的高空中。

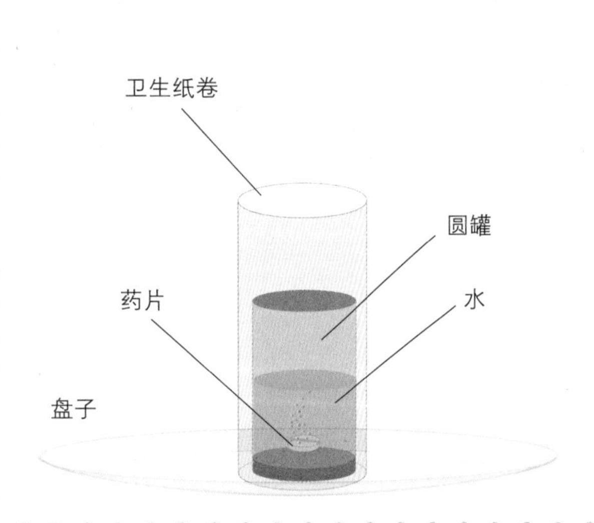

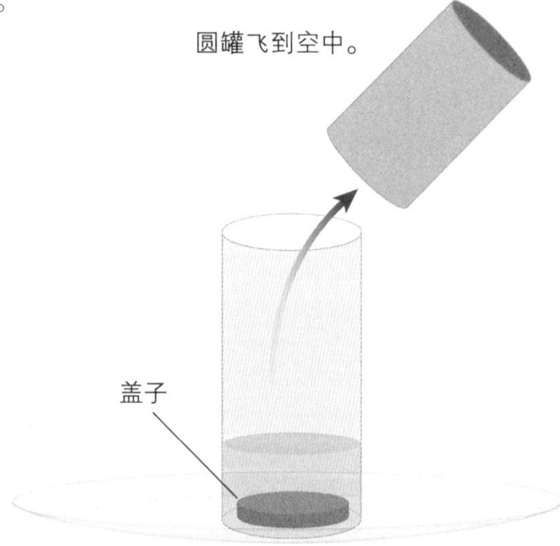

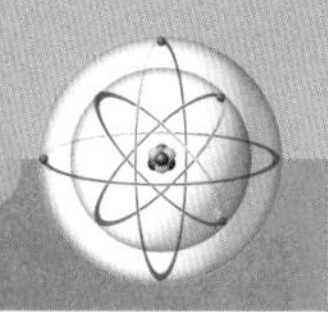

比例超过1%，钾相对少一些。

钠和钾这两种碱金属的化合物广泛存在于矿物和岩石中，而其他碱金属相对稀少得多。钫具有放射性，因此它的原子会裂变成其他元素的原子。据化学家估算，同一时刻地球上只有1盎司（28克）的钫。

由于碱金属太活泼，在自然界中没有发现它们的单质，而是以盐的形式出现。盐是酸与碱反应时形成的化合物。

钠最常见的盐是氯化钠（食盐）。其他包括硝石（硝酸钠：$NaNO_3$），它是火药的原料，也被用来制造玻璃。还有硼砂（硼酸钠：$Na_2B_4O_7$），过去用于制作肥皂。

氯化钾（KCl）是金属钾最常见的盐。另一种钾盐是钾碱（碳酸钾：K_2CO_3），可以用来制造柔软奢华的肥皂。

通常来说，碱金属需要通过采用电流电解来分解盐的电化学过程来提炼。氯化钠的电解产生钠原子和氯原子。该过程的化学方程式如下所示：

$$2NaCl \xrightarrow{\text{电解}} 2Na + Cl_2\uparrow$$

关键词

- **离子键**：正离子和负离子靠静电作用相互结合而形成的化学键。
- **分子**：能独立存在，并保持特定物质固有物理、化学性质的最小单位。由不同数量的原子以不同方式组合而成。
- **盐**：酸中的氢离子被金属离子（或铵根离子）取代而形成的离子化合物。

▲ 这些路灯的黄光是由钠气体产生的。当电流流过气体时，气体会发出黄光。

用途

碱金属的工业应用非常广泛和成功。例如，在主干道上看到的黄色路灯，其颜色来自内部发光的钠气体。碳酸氢钠（$NaHCO_3$）又叫小苏打，可以用于制作蛋糕。这种化合物与蛋糕混合物中的酸性物质发生反应，释放出二氧化碳气体（CO_2）。这些气体以气泡的形式储存在蛋糕里，可以使蛋糕内部呈海绵状，变得很松软。

碱金属合金同样非常具有价值。钠可以用于制取钛和汞，而钠和钾的合金被用作核反应堆的导热剂。

3 碱土金属

碱土金属与碱金属相似，但相对更硬且反应活性更弱。这一族元素中我们最熟悉的成员就是钙。含钙的化合物在自然界中广泛存在，比如石灰石。

碱土金属是第Ⅱ族元素，位于元素周期表中的第二列。铍（Be）、镁（Mg）、钙（Ca）、锶（Sr）、钡（Ba）和镭（Ra）这六种元素直到19世纪才被提炼出来。但是，他们的许多化合物早就为人所熟知。比如，大理石就是一种含钙化合物——碳酸钙（$CaCO_3$），已被用作建筑材料数千年。早在公元前1世纪罗马人就用含有生石灰（氧化钙：CaO）的混凝土建造房屋。

贝壳的主要成分是碳酸钙，这是一种含有碱土金属的化合物。

化学在行动

碱土金属化合物

化合物	分子式	俗称	用途
氧化钙	CaO	生石灰	用于建筑材料
碳酸钙	$CaCO_3$	石灰石、方解石	用于砂浆和牙膏
硫酸钙	$CaSO_4$	石膏	一种防火剂
碳酸镁	$MgCO_3$	菱镁矿	体操防滑粉
氢氧化镁	$Mg(OH)_2$	氧化镁乳	治疗消化不良
硫酸镁	$MgSO_4$	泻盐	泻药

碱土金属就是以这类化合物命名的。在17世纪之前，化学研究还不是一门专门的学科，这类天然化合物被称为重土，人们一直认为这类不同土质的重土本身就是元素，同时也注意到这类土质具有一些与碱液（氢氧化钠：NaOH）等碱性物质相似的特性，故而称之为碱土元素。当发现这些物质实际上是含有金属的化合物时，就改称其为碱土金属。

1807年，英国化学家汉弗莱发现了钙和镁这两种最常见的碱土金属，并于1年后将它们提炼出来。

镭是最后一个被发现的碱土金属元素。玛丽·居里（1867—1934）和皮埃尔·居里（1859—1906）于1898年成功将其提炼出来。镭具有放射性，因此会有粒子脱离其原子核。这改变了其原子中的粒

关键词

- **放射性：**不稳定原子核自发地放出各种射线的现象。

子数，进而变成另一种元素的原子。当放射性元素释放出粒子被称为辐射。

原子结构

碱土金属的原子在其最外层电子层有两个电子，这些就是参与化学反应的价电子。

为了变得稳定，其原子必须失去或共享这两个最外层电子。在大多数情况下，碱土金属很容易失去这两个电子，这使它们成为很活泼的金属。

性质

碱土金属都有两个价电子，因此具有相似的性质。它们的性质类似于碱金属，但它们的反应没有碱金属那么剧烈。碱土金属具有以下特性。

- **柔软：**它们比碱金属略硬，但比大多数其他金属更软，更具延展性。
- **良导体：**它们都能很好地导热和导电。
- **独特的颜色：**所有这些金属燃烧时会发出明亮的白色火焰，但当加热时，它们会产生特定颜色的光。例如，钙产生

化学在行动

硬水

含有碱土金属元素钙或镁的水通常称为硬水。溶解在硬水中的碱土金属与肥皂发生反应，会抑制肥皂形成气泡。

硬水来自地下水，其溶解了岩石中钙和镁的化合物。

去除这些金属离子会“软化”水。由于含有很多的矿物质，硬水的味道也与软水不同。

硬水加热时会产生水垢。这种白色沉淀物会堵塞管道，覆盖在水壶和洗衣机中的加热元件上。而软化水是不会产生水垢的。

▲ 加热棒上覆盖了一层硬水产生的水垢。这层水垢会降低水加热的效率。

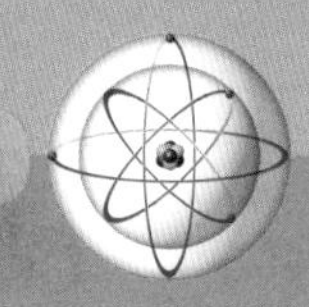

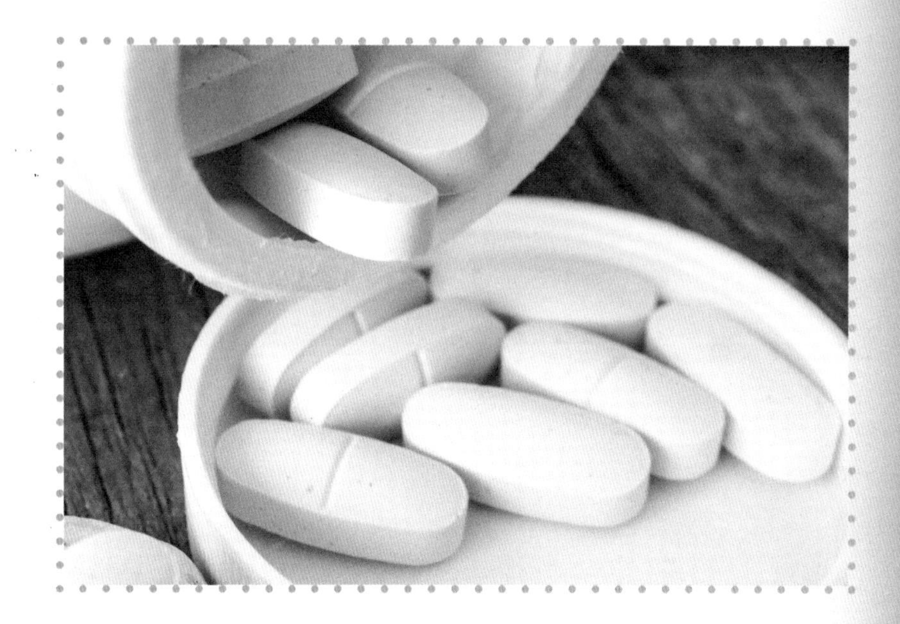

▲ 钙是一种常见的碱土金属，是人体健康所必需的元素之一。它经常以片剂的形式作为保健品。

暗红色火焰，锶产生亮红色火焰，钡产生绿色火焰。

- **反应活性强：** 碱土金属的反应活性很强，但不如碱金属。碱土金属对两个最外层电子的束缚比碱金属对其单个最外层电子的束缚更为稳固。在元素周期表中，这一族元素越往下的金属反应活性越强。
- **光泽：** 纯碱土金属呈现银色，有金属光泽。但是，此族中较为活跃的元素如锶和钡，很快就会变成暗灰色。这是因为金属与空气中的氧气发生反应被金属氧化物所覆盖。

来源

钙和镁是两种常见的碱土金属。在地球的岩石中钙约占3%。它是地球上第五丰度的元素。镁在地球的岩石中约占2%，

▶ 一片镁燃烧时发出非常明亮的白色火焰。镁被用于制造应急照明弹，因为它燃烧时非常明亮。

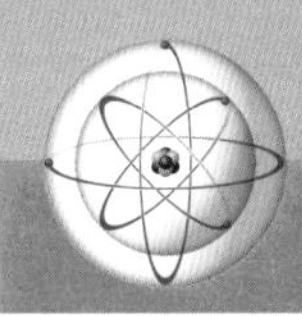

是地球上第八丰度的元素。其他碱土金属都很稀有。自然界中没有一种碱土金属是以纯净物形式存在的，因为它们太活泼了。

钙主要以碳酸钙的形式存在于土壤中，碳酸钙是石灰石中的一种成分。碳酸镁（$MgCO_3$）是最常见的天然镁化合物之一。

碱土金属可通过电解提纯。这是一种利用强电流将化合物分解为元素单质的工艺。氯化钙（$CaCl_2$）和氯化镁（$MgCl_2$）用这种工艺提纯，反应生成纯金属和氯气（Cl_2）：

$$CaCl_2 \xrightarrow{电解} Ca + Cl_2\uparrow$$

化学键的形成

大多数碱土金属化合物是离子化合物。当一个原子失去电子而另一个原子获得电子时，就形成了离子化合物。碱土金属原子失去两个最外层电子形成电荷为2+的阳离子，例如钙离子写成Ca^{2+}。失去的电子被另一种元素的原子获得，这些原子变成了带负电荷的离子。带相反电荷的离子相互吸引并结合形成化合物。

纯碱土金属会与空气中的氧气（O_2）反应，生成一种叫氧化物的离子化合物。例如，氧化镁（MgO）由一个镁离子（Mg^{2+}）与一个氧离子（O^{2-}）结合而成。

关键词

- **酸**：在水溶液中能电离出氢离子（H^+）的化合物。

▼ 这是土耳其棉花堡的碳酸钙瀑布，由含有大量溶解钙矿物质的泉水逐渐沉积而成的。

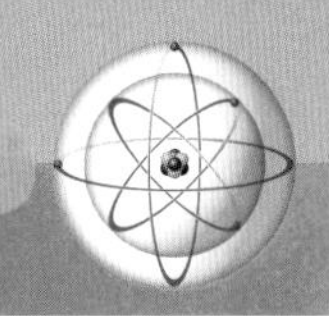

镁释放的两个电子被氧吸收了。该化学反应的方程式为：

$$2Mg + O_2 \longrightarrow 2MgO$$

化学反应

石灰石中的碳酸钙（$CaCO_3$）有许多用途。例如，它被用于钢铁生产。石灰石可以通过一步化学反应变成生石灰（CaO），当石灰石高温加热时，它会分解成生石灰和二氧化碳气体（CO_2）：

$$CaCO_3 \xrightarrow{\triangle} CaO + CO_2\uparrow$$

生石灰是一种反应活性较强的物质。它是石膏、灰浆和水泥中的一种成分。当水（H_2O）加入生石灰中时，就会发生熟化反应。该反应产生消石灰，也叫氢氧化钙［$Ca(OH)_2$］。

试一试

酸碱测试

碱土金属反应生成碱性化合物。可以通过这个实验研究它们如何与酸反应。准备柠檬汁、一些镁乳（一种治疗消化不良药物）和试纸。柠檬汁是一种酸，含有许多氢离子，试纸呈现红色。镁乳是氢氧化镁［$Mg(OH)_2$］，是一种碱。含有许多氢氧根离子，会让试纸变蓝。

首先用一张试纸测试果汁。把试纸放在一边晾干，将它与以后的测试结果进行颜色比较。然后在果汁中加入三勺镁乳，搅拌混合均匀。再用一张试纸重新测试液体，并与第一张试纸进行比较，第二张试纸比第一张的红色淡一些。这是因为镁乳和一些酸性离子反应生成中性产物。

继续添加更多镁乳并重新测试混合物。混合物将逐渐失去其酸性并变为碱性。此时，试纸会变为深绿色。

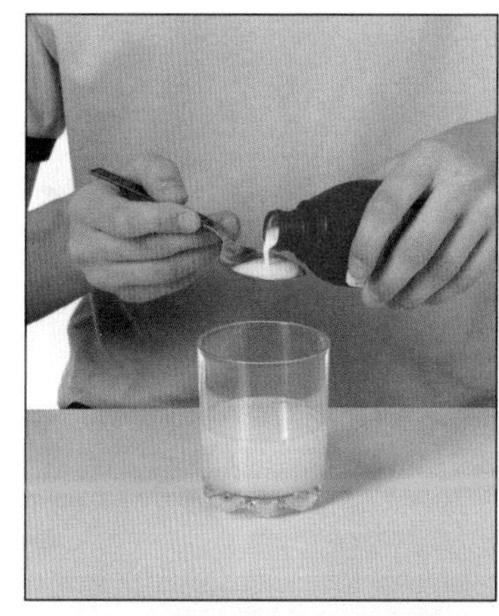

▲ 柠檬汁是酸性的，但随着越来越多的镁乳加入柠檬汁中，混合物变得越来越偏碱性。用试纸测试会显示从红色逐渐变化到深绿色。

化学在行动

身体中的作用

钙是人体中最常见的碱土金属。约成人体重的2%由钙组成。大多数钙以磷酸钙和碳酸钙的形式存在于牙齿和骨骼中。这些化合物使骨骼和牙齿变得非常坚硬。

人体中的水，如血液和细胞内的水，含有溶解的钙离子。钙离子参与肌肉运动以及在大脑周围和沿着神经的电信号传递。

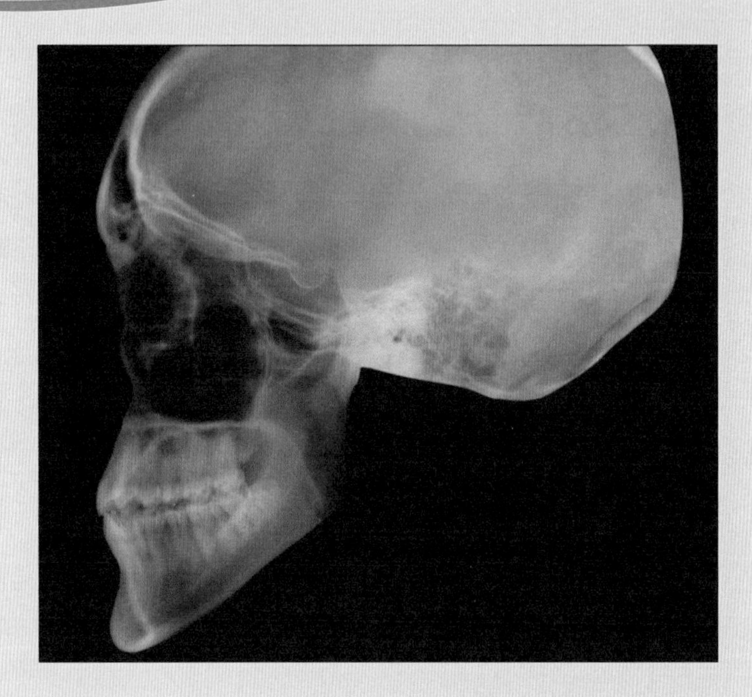

▶ 一个人头部的X线片显示出坚硬的颅骨和牙齿，其中含有钙化合物。

▼ 体操运动员在横杆上摆动。他手上有一种碳酸镁的粉末帮助他更紧地抓握横杠。通常被称为“镁粉”，这与黑板上使用的粉笔是不同的。

$$CaO + H_2O \longrightarrow Ca(OH)_2$$

消石灰是一种含有大量氢氧根离子（OH^-）的碱，会与含有大量氢离子（H^+）的酸性化合物发生反应。

▶ 洪水咆哮着从华盛顿哥伦比亚河上的大坝涌出。大坝由混凝土制成，混凝土是由沙子、黏土和钙的化合物（如生石灰和石膏）组成的混合物。这种混合物潮湿时是流体，但干燥后很坚硬。

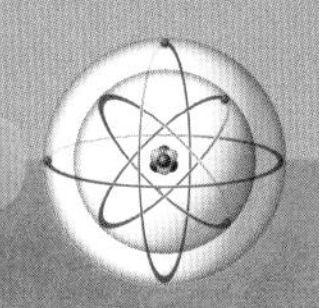

将生石灰和水添加到砂浆或其他建筑材料中时会反应生成消石灰，同时空气中的二氧化碳会溶于砂浆中的水生成碳酸（H_2CO_3），碳酸再与消石灰反应生成碳酸钙和水。反应如下：

$$Ca(OH)_2 + H_2CO_3 \longrightarrow CaCO_3 + 2H_2O$$

石灰石天然含有碳酸钙，在上述反应之后，水泥砂浆实际上变成了“石头”。

用途

碱土金属还有许多其他用途。镁铝合金可以用来制造坚固但重量轻的物体，比如飞机。铍被添加到铜中可以使其更为坚硬。

直到大约1950年，镭还被用于制造在黑暗中发光的颜料。发光来自放射性原子释放出的核辐射。现在我们已经知道了这种核辐射对人类是有害的，所以仅限定在安全的情况下使用。

工具和技术

在黑板上书写

教师上课时在黑板上写字的粉笔是一种常见的钙化合物，即一种含有碳酸钙的石灰石。粉笔是由微小贝类海洋生物的残骸形成的，当它们死后，含有碳酸钙的贝壳会在浅水中沉积起来。很多年以后，贝壳堆积的厚度不断增加并被挤压，最终形成制作粉笔的白垩。

4 第Ⅲ族金属

铝是地球岩石中最丰富的金属，属于元素周期表第Ⅲ族。这一族中的其他元素都非常稀有。

元素周期表第13列的元素称为第Ⅲ族，包括金属铝（Al）、镓（Ga）、铟（In）和铊（Tl）。铝是本族中最重要、储量最丰富的金属。该族还包括一种类金属硼。

古希腊人和古中国人都在使用含铝化合物。罗马医生也用它们来为伤口止血，称这些化合物为明矾，英语为“alums”，这也是铝的英语命名“aluminum”的来源。1825年，丹麦化学家汉斯·克里斯蒂安·奥斯特（1777—1851）首次提纯了这种金属。

这些压扁的铝制易拉罐将被回收。纯铝的制造成本很高，但是铝可以循环利用。

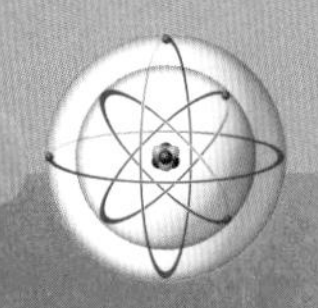

化学在行动

第Ⅲ族化合物

化合物	分子式	俗称	用途
碱式氯化铝	$Al_2(OH)_5Cl$	—	用作除臭剂
氧化铝	Al_2O_3	氧化铝；刚玉	在红宝石和蓝宝石中可以发现
砷化镓	GaAs	—	应用于激光器
磷化铟	InP	—	半导体
溴化铊	TlBr	—	应用于热感探测仪
硫酸铊	Tl_2SO_4	—	老鼠药和蚂蚁药

▲ 铝箔和纸一样薄，可以打卷或折叠。铝箔用于烹饪、储存食物或作为隔热材料。

镓、铟和铊都是在19世纪中期使用分光镜发现的，分光镜可以读取材料加热时产生的独特光谱。

原子结构

所有第Ⅲ族金属的最外层电子都有三个价电子。为了变得稳定，原子必须给出或共享这三个电子。失去三个电子比失去一个或两个电子需要更多的能量。因此第Ⅲ族金属的化学反应活性较弱，尤其是与碱金属相比要弱得多。

性质

铝、镓、铟和铊具有许多金属的典型特性。它们的颜色都是灰色或银色的，且具有光泽。它们也能很好地导热和导电。另外，它们天然柔软和良好的韧性使其与众不同。

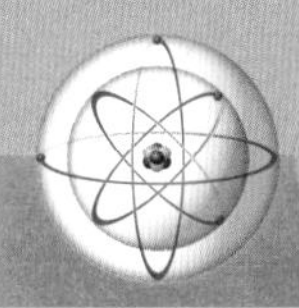

▲ 像波音747这样的大型客机都是由铝合金制成的。铝很坚固，但重量却很轻，可以让大型飞机很轻以利于其飞行。

铝是地球上第二大具有可塑性的金属（仅次于黄金）。镓、铟和铊非常软，并且熔点非常低，在常温条件下几乎是液体。

来源

铝是地壳中最丰富的金属，约占岩石和矿物的7%。然而它是地球上极难提纯的金属之一。

与大多数金属一样，铝在自然界中并不是以游离的单质形式存在。铝的矿石主要是氧化铝（Al_2O_3）。纯氧化铝是一种无色且极稳定的化合物，需要大量能量才能将其分解出单独的元素。这种化合物也称为刚玉，它是红宝石和蓝宝石的主要成分。

铝的规模化生产只有100多年的历史。通过电解和熔炼的复杂工艺进行提纯。现今，许多铝制品是由回收铝制成的。循环利用铝的量比提纯铝所需的能量少20倍。

镓、铟和铊都很稀有，大多伴生在其他金属的矿石中，如铜、锌和铅。当提炼这些其他金属时，它们作为副产品被提取出来。

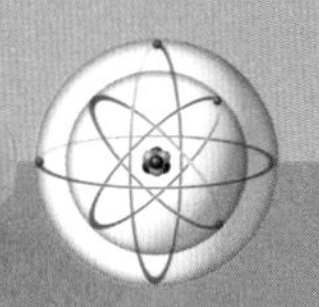

化学键的形成

第Ⅲ族金属最外层的三个价电子是它们与其他元素发生化学反应的关键。为了变得稳定，这些金属中的原子必须放弃它的三个价电子来清空它的最外层。电子层大多数金属会形成离子键，但第Ⅲ族元素还可以形成共价键。离子键是带相反电荷的离子相互吸引而形成的化学键。第Ⅲ族金属的原子通过失去三个最外层电子形成离子，例如，Al^{3+}。这些离子会被获得电子带负电荷的离子所吸引。

当原子共享电子对而不是失去或获得电子时，会形成共价键。通过共享，每个原子都可以用这些共享的电子填满它的最外层，从而也变得更加稳定。一些第Ⅲ族化合物是共价化合物，如碘化铝（AlI_3）。但是大多数第Ⅲ族金属会形成离子化合物。

纯铝的制造

1886年，只有23岁的美国化学家查尔斯·马丁·霍尔（1863—1914）发明了一种低成本制造纯铝的方法。他在俄亥俄州奥伯林家中的一个实验室里进行了这项研究。

因为法国人保罗·埃鲁（1863—1914）几乎同时发明了类似的方法，所以这个方法被称为霍尔-埃鲁法。在霍尔-埃鲁法发明之前，纯铝和白银一样昂贵。因为提炼纯铝非常困难，即使铝的化合物很常见。

霍尔的发现改变了这一切，使铝有可能应用到更多的领域。霍尔-埃鲁法至今仍在使用。在高温下熔融状态的氧化铝，然后通过电解，将氧化铝（Al_2O_3）分解为纯铝和氧气。

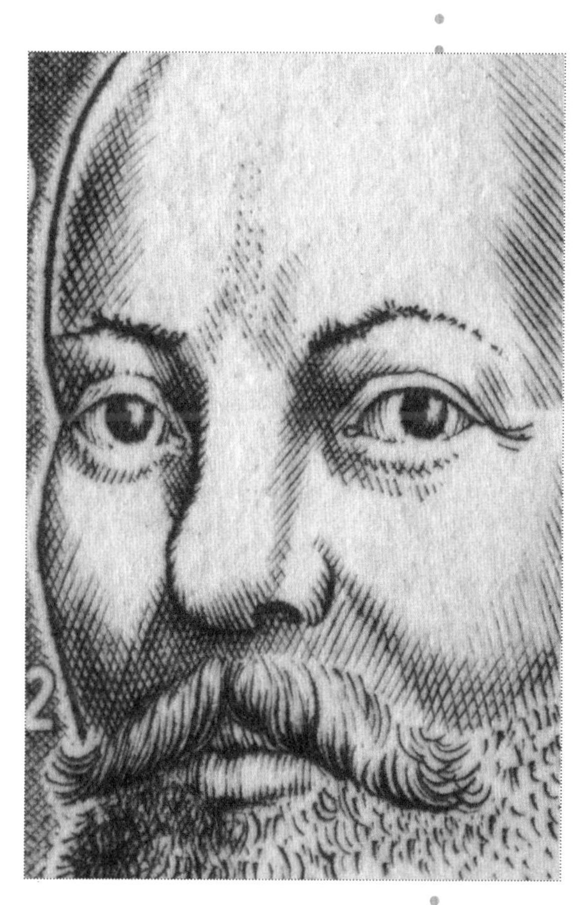

▶ 保罗·埃鲁的头像被印在纪念邮票上。埃鲁和霍尔的发现使铝成为一种常见、廉价的金属。

氧化铝（Al_2O_3）是一种典型的离子化合物。当铝与空气中的氧气（O_2）接触时就会发生反应生成氧化铝。化学反应的方程式为：

$$4Al + 3O_2 \longrightarrow 2Al_2O_3$$

在氧化铝的每个分子中，两个Al^{3+}离子与三个O^{2-}离子相结合。

氧化铝会在金属表面形成一层薄膜，隔绝了氧气与内部的基体金属的接触，以免继续发生反应。

镓、铟和铊都比铝更容易发生氧化反应。铊是此类金属中原子尺寸最大的，其反应活性也是最强的。必须将其储存在水中，以阻止其与空气中的氧气发生反应。

化学反应

铝常被用作还原剂。还原剂是在化学反应中失去电子的物质。铝热反应就是铝作为还原剂的一个重要反应。

该反应可用于从氧化铁（Fe_2O_3）中置换纯铁。在反应过程中，铝原子向铁离子（Fe^{3+}）提供电子。铝原子变成离子（Al^{3+}）并与氧离子（O^{2-}）结合形成氧化铝。铁离子Fe^{3+}成为组成纯铁的铁原子。反应如下：

$$Fe_2O_3 + 2Al \longrightarrow Al_2O_3 + 2Fe$$

镓、铟和铊的一些常见化学反应也很难讲得清楚，其中部分原因就是它们太稀有了。镓可以腐蚀其他金属，这是一种金属氧化另一种金属的化学反应。

用途

铝是地球上极具应用价值的金属之一。自铁器时代初期，铁取代青铜成为最有应用价值的金属以来，铁变得更加重要。虽然铁仍然是使用最多的金属材料，但铝的特性使它以其他方式发挥着巨大作用。例如，由于它很轻，被用于制造飞机和悬挂在塔架上的高压输电线。它具有延展性，可以加工成各种形状。我们最常见的就是铝制易拉罐。

▼ 镓的熔点是86°F（即30 ℃）。手上的热量足以使镓熔化成液体。

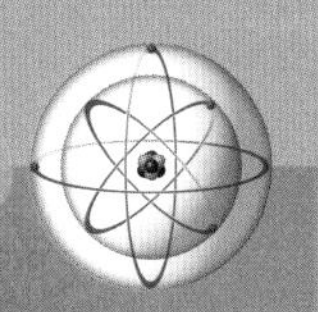

工具和技术

光的研究

许多稀有金属元素是用一种叫作分光镜的工具发现的。

分光镜使用一个称为棱镜的三角形透镜将复色光分解为不同颜色的单色光。当元素被加热或燃烧时会产生一种独特颜色的光。当来自火焰的光被分光镜分解成单色光时，化学家可以分析出反应中涉及哪些元素。一些第Ⅲ族金属会产生非常吸引人的光色。例如，铟（indium）的命名来源于它发出的光是明亮的靛蓝色（indigo）。

▶ 白光包含了彩虹所有的颜色。棱镜可以将这些颜色分开。

化学在行动

毒药计划

1967年的一份报告显示，美国中央情报局曾计划用铊化合物毒害古巴领导人菲德尔·卡斯特罗（1926—2016）。该计划方案是给卡斯特罗擦鞋子时往鞋子里放铊化合物粉末。只要有足够的剂量就可以让卡斯特罗生病，头发和胡须脱落。中情局希望让他在公众面前出丑。虽然该计划未被实施，但硫酸铊会被用作消灭老鼠和害虫。

大多数铝制产品是合金（金属混合物），在其中添加少量的铜、锌、镁和硅等元素可以使其更为坚硬。

在钢表面涂镀一层薄的氧化铝化合物可以保护钢（铁合金），以免生锈。表面涂层可以阻止氧气和水分与内部基体的铁发生反应。

5 锡和铅

由锡和铅合金制成的士兵模型。这种合金易熔化并便于进行模铸。

锡和铅作为人类熟悉的金属，被人类使用的历史已经有数千年。这两种金属都易于提炼且不易发生反应，因此通常用于保护其他金属免遭腐蚀。

金属锡（Sn）和铅（Pb）出现在元素周期表的第14列，即第Ⅳ族。锡和铅是该族中仅有的金属元素。其他第Ⅳ族元素中锗和硅归类为类金属，碳是一种非金属。

人类使用锡和铅已有7 000年历史。锡加入铜中制成青铜合金。铅可以做成弯管和各种形状的工具。

没有人知道是谁首先发现并命名了这些金属。他们的元素符号源于其拉丁名，锡（*stannum*）和铅（*plumbum*）。

纯锡和纯铅很容易制造，有的岩

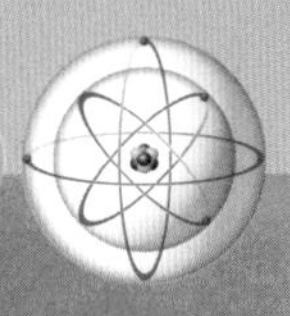

石中就含有纯铅。然而，这两种金属在自然界中的储量并不大。

原子结构

锡原子和铅原子的最外层各有4个价电子。为了变得稳定，其原子的最外层需要布满8个电子或者完全没有电子。这可以通过失去4个电子或获得4个电子来实现，这都需要消耗大量的能量。因此，锡和铅并不是很活泼的元素，它们和很多其他元素都不会发生化学反应。

4个价电子使锡和铅的原子结构非常稳定，化学活性非常不活泼。稳定的化学键是不易断裂的。一旦锡或铅原子与另一种元素成键，这种键就很难再被打破。

锡和铅还被称为“贫金属”，因为它们的化学反应方式与其他金属不同。只有我们熟知的贵金属比锡和铅反应性更差，比如金和铂。

▲ 锡石是锡的氧化物。锡在低温时很容易弯曲，在加热时变得更容易折断。但大多数金属在受热时更容易弯曲变形。

性质

锡和铅的原子结构造就了这两种元素的一个重要特征——耐腐蚀性。腐蚀是金属与其环境之间的化学反应，通常是与空气中的氧气和水，这会使金属的性能迅速恶化。生锈就是一种腐蚀。

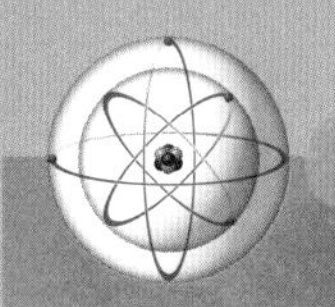

化学在行动

锡和铅的化合物及合金

化合物	分子式	俗称	用途
醋酸铅	$Pb(C_2H_3O_2)_2$	铅糖	有毒的糖状物质，用于染料和清漆
碳酸铅	$PbCO_3$	白铅	白色颜料（着色剂）
一氧化铅	PbO	铅黄	曾用于制造黄色油漆和玻璃
四氧化三铅	Pb_3O_4	红丹/铅丹	红色颜料
铌锡	Nb_3Sn	—	导电性很好的超导体
青铜	60% Cu，40% Sn	—	含有锡（Sn）和铜（Cu）的合金
白镴	85% Sn，15% Pb	—	银的替代品，曾用于制造有光泽的器物
锡焊	60% Sn，40% Pb	—	用来熔化金属的合金焊料
四氯化锡	$SnCl_4$	氯化锡	用于钢化玻璃

▲ 用焊接来固定芯片。焊料（左）是锡和铅的合金。它由热烙铁（右）熔化，熔化的合金流动到芯片周围。焊料冷却后再次凝固为固体，将芯片固定在其位置上。

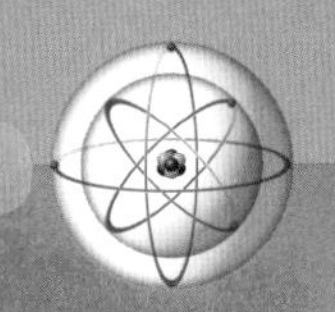

锡和铅不会生锈，因为它们与氧反应形成氧化物的速度非常缓慢。铅和锡的氧化物与其化合物一样，非常稳定。它们在金属表面形成一层氧化物薄膜，成为空气和内部金属基体之间的屏障，阻止进一步发生反应。

锡和铅还具有其他一些共同特性。它们都是软金属，易于弯曲或模铸。与其他金属相比，它们的熔点和沸点较低，并且导电和导热性也相对较差。

来源

锡和铅在地壳中的储量都比较小。如果随机从地壳中抽取100万份样品，只有2份是锡，12份是铅。科学家就是通过这种方法测定百万分之含量（ppm）。按此计算，地壳中锡含量为2 ppm，铅含量为12 ppm。

锡以矿石的形式存在。世界上大部分的锡都蕴藏在锡石中，锡石主要成分是氧化锡（SnO_2）。由于锡石基本储藏在靠近地表的浅层，所以可以露天开采。然而，其他大多数矿场需要挖掘隧道才能得到矿石。露天矿只需要在地面挖一个大坑就可以了。最大的锡矿位于马来西亚。

自然界中可以发现纯铅，尤其是在火山附近，这是由于火山的巨大热量导致矿物发生反应。事实上，大多数铅以方铅矿（硫化铅：PbS）的形式存在。方铅矿和其他铅矿通常位于地下深处的坚硬

近距离观察

铅中毒

人们使用铅已有数千年的历史，但直到近代我们才知道铅会损害人类的神经系统，导致血液系统和大脑神经损害。

现今，铅已经从油漆、汽油和陶瓷中去除，以保护人们免受其害。然而，铅在过去是常见的致病原因。例如，铅导致了许多古罗马人精神失常，因为他们使用铅水管，甚至在食物中添加含铅的甜味剂。

德国作曲家路德维希·凡·贝多芬（1770—1827）也可能是铅中毒。铅可能是通过吃鱼、喝含铅的葡萄酒和使用白镴（锡与铅的合金）餐具进入他的身体。贝多芬也常年患胃病。他死后，医生发现他的多个脏器受损，可能也是由铅引起的。

▲ 卡里古拉统治时期（12—41）铸造的金币。他是一位疯狂的罗马皇帝。他任命马为政府首脑。这位皇帝的精神疾病可能是铅中毒的结果。

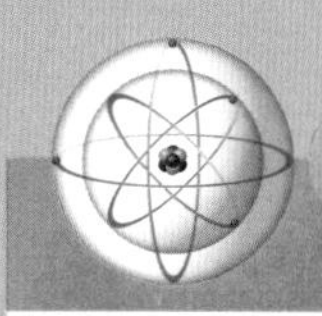

岩石之中。铅也会伴生在其他金属的矿石中，如银和铜。

化学反应

拥有4个价电子的锡和铅是不活泼金属。为了与另一个原子形成化学键，锡原子或铅原子必须放弃其4个最外层电子并成为离子。离子是失去或获得电子并因此带电的原子。锡和铅原子变成电荷为4的离子。失去4个电子需要大量能量，这就是锡和铅不易反应的原因。

离子会被带相反电荷的其他离子所吸引。这种吸引力在离子之间形成化学键并产生离子化合物。例如，锡离子（Sn^{4+}）与2个氧离子（O^{2-}）结合形成锡石（SnO_2）。方铅矿（PbS）是铅离子（Pb^{2+}）与硫离子（S^{2-}）结合而成。

纯锡和铅可以通过碳（C）发生置换反应从其化合物中提取，其中碳取代化合物中的金属。反应需要热量，热量通过燃烧碳提供（煤是一种主要由碳组成的燃料）。例如，锡是通过如下化学反应从锡石中提取的：

$$SnO_2 + 2C \xrightarrow{\triangle} 2CO + Sn$$

◀ 方铅矿是自然界中最常见的含铅化合物。

化学在行动

罐头的发明者

▲ 金属容器可以长期给各种食物保鲜。

1809年，法国发明家尼古拉斯·弗朗索瓦·阿佩特（1750—1841）为法国皇帝拿破仑·波拿巴发明了将食物储存在密闭容器中来保鲜的方法。拿破仑想要一种军队携带食物而不变质的方法。阿佩特把生食物放在用软木塞密封的玻璃罐中。然后将罐子放在沸水里煮，直到里面的食物煮熟。这个过程杀死了所有可能造成食物变质腐烂的细菌。1811年一家英国公司开始用不易破损的金属罐代替玻璃罐。所用的铁金属镀了一层锡以防止生锈——锡罐头就这样诞生了。

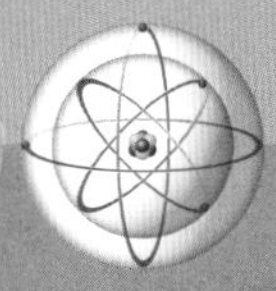

▶ 过去汽油中添加含铅化合物，使其燃烧得更加均匀。但是，排放的含铅废气危害人们的健康。现今大多数汽油已是无铅的了。

用途

锡和铅有许多用途。锡用于保护其他金属不生锈。因此，在食品罐头的罐上镀了一层锡。在世界上的一些地方，它们仍然被称为锡罐头，尽管其中大部分金属是钢（一种含碳和其他元素的高强度铁合金）。

锡也是合金中常见的成分。青铜、白镴和锡焊都含有大量的锡。白镴和锡焊还含有铅。

因为铅有毒性，所以其使用量比锡少很多，主要用于制造弹药、玻璃、陶瓷、黄铜和电缆外护层。铅是一种很重的金属，还用来做砝码。现今使用的铅有一半以上是循环再利用的。

6 过渡金属

近一半的金属都是过渡元素。这些金属位于元素周期表的中心区域。许多最为常见和熟悉的金属都是过渡金属，如铜、铁和金。

元素周期表中第3列到第12列之间的元素称为过渡元素。其包含大约30种元素都是金属。

过渡金属包括一些人类已熟知数千年的金属，如铁（Fe）、银（Ag）和铜（Cu），另一些是在过去300年中陆续被发现的。原子序数相对较低的过渡金属具有较小和较轻的原子，一般比那些具有较大和较重原子的元素更早被人类认识和发现。这是因为重金属化学反应活性更高，更难以从化合物中分离出来。

许多宝石的色彩来自其含有的过渡金属。铬使祖母绿呈现绿色，使红宝石呈现红色，而钛使蓝宝石呈现蓝色。

化学在行动

▲ 许多防晒霜含有一种阻挡紫外线的白色物质：氧化锌。紫外线是由太阳产生的不可见辐射，会晒伤和晒黑皮肤。氧化锌用于制造防紫外线的航空服，也用于制造白色油漆和油墨。

过渡金属化合物

化合物	分子式	俗称	用途
氧化钴	CoO	钴蓝	用于给玻璃和瓷器上色的深蓝色化合物
硫酸铜	$CuSO_4$	—	用作杀虫剂
氧化铁	Fe_2O_3	赤铁矿	主要的铁矿石类型
铬酸铅	$PbCrO_4$	铬黄	亮黄色颜料
二氧化锰	MnO_2	软锰矿	用于电池
五氧化二钒	V_2O_5	—	用于生产硫酸的催化剂

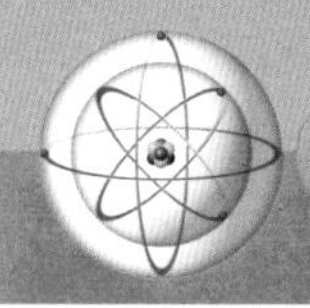

▲ 世界上许多大型人造物体都是由钢制成的，比如这艘油轮。

应用广泛的过渡金属包括锰（Mn）、铬（Cr）、钴（Co）、镍（Ni）、钨（W）和钛（Ti）。应用范围较小的过渡金属包括钼（Mo）、钯（Pd）、铑（Rh）和锆（Zr）。

原子结构

过渡金属包括一系列元素，而不是仅仅一组。这是因为它们都有一种不同寻常的原子结构，使得它们有别于其他所有金属元素。过渡金属有不同数量的最外层电子，因此以相同的方式分组，它们也不能排在同一族中。不过，与大多数其他金属族一样，过渡金属在其原子最外层只有1个或2个价电子。这些价电子参与其他元素发生的化学反应。

由于过渡金属元素这1个或2个最外层电子，其发生化学反应的方式与碱金属和碱土金属是相同的。过渡金属通常比其他族反应活性更低。其原因可以通过更为

▲ 过渡金属位于元素周期表的中间区域。之所以使用“过渡”这个词，是因为其表示从一个区域变化到另一个区域，连接了元素周期表两端。

仔细地观察分析其元素的原子结构来寻找。过渡元素的价电子除了最外层电子外，还包括次外层的电子。

电子层

原子的电子以一定的规则排列在适合的电子层里面。最内层也是最小的电子层，只能容纳2个电子。第二个电子层略大，最多可容纳8个电子。第三层电子层更大，最多可以容纳18个电子。但是第

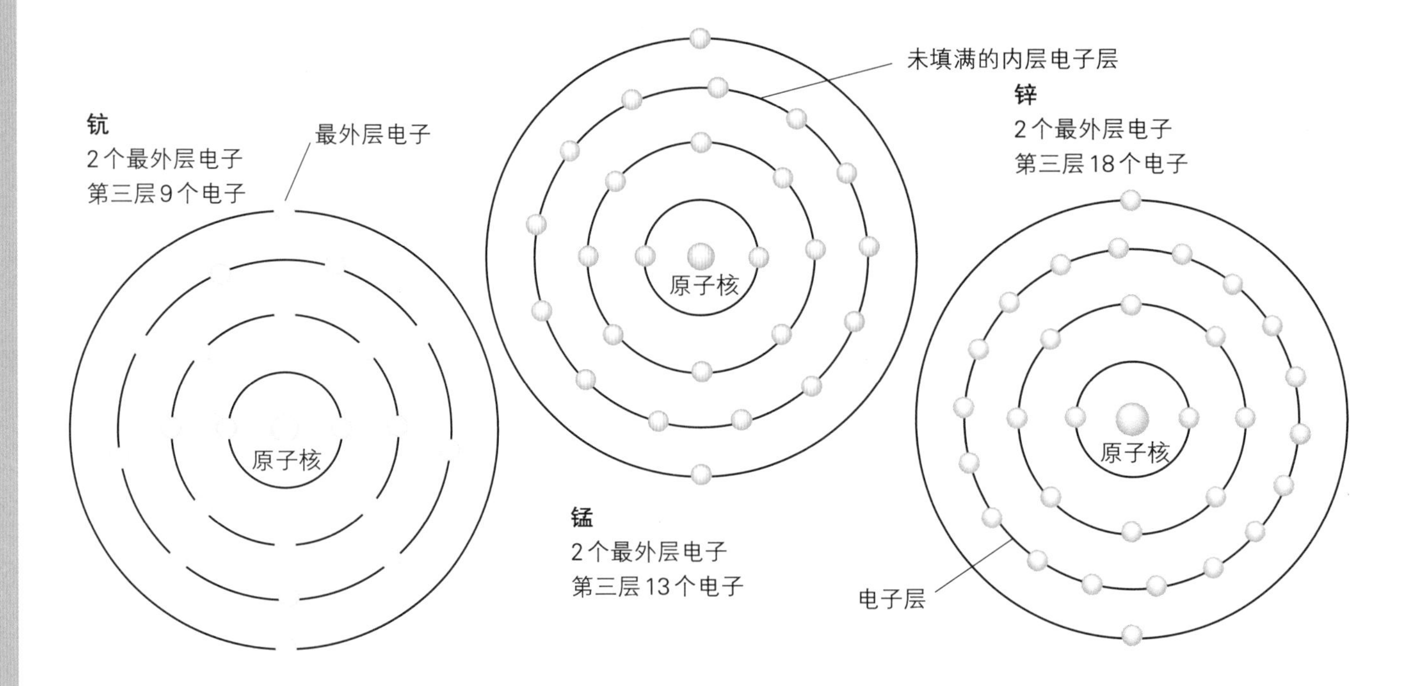

▲ 与大多数金属一样，过渡金属有1个或2个最外层电子。但是次外层电子层可以有8～18个电子，这些次外层的电子也会参与化学反应。

三层电子层一旦拥有8个电子时，就会拒绝接受容纳更多的电子，不再继续填满这个电子层，而是接着开始填充第四层电子层。到这还没有结束，当第四层电子层拥有2个电子时，第三层电子层就会再次接受容纳电子。

填充电子

我们可以通过比较钙和钪的原子结构来说明这一点。钙是周期表中过渡族开始之前的最后一种元素，钪是过渡族的第一个元素。钙原子有4层电子，第三层有8个电子，第四层有2个电子。钪原子也有4层电子，与钙一样，第四层同样有2个电子，但第三层有9个电子。

第三层电子层继续填充电子，生成一系列4个电子层的金属原子。这些原子中的大多数都有2个最外层电子，也有铬和铜等少数原子只有一个最外层电子。

锌原子的第三层电子层最终被填满了，其中容纳了18个电子。这时第四层电子层也就是最外层电子层又开始再次填充电子。

继锌之后，金属镓的原子形成。镓不再是过渡金属。它的原子第三层电子层有18个电子，第四层电子层有3个电子。第四个电子层继续填充电子，

▼ 一块锌。锌是极为活泼的过渡金属之一。

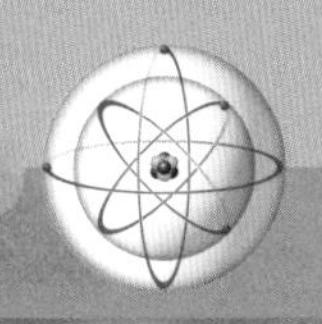

直到有8个电子时形成了气体氪原子。就像第三层电子层所发生的那样，第四个电子层现在也不再接受容纳任何电子，第五层电子层开始形成。当第五层电子层拥有2个电子时，第四个电子层就会继续开始填充电子。如此便形成了另一系列金属原子，拥有五层电子层，最外层外电子是1个或2个。同样的过程也发生在具有6个电子层的原子中。过渡族元素以汞（Hg）收尾。

性质

过渡金属往往是良导体，它们是最坚硬的金属，熔点比其他族中的金属高得多。然而，也有一些例外。例如，汞在室温下是液态的，黄金具有很强的延展性。

▲ 汞是唯一在常温状态下为液体的金属。它的化学符号是：Hg。这个词来源于拉丁语的“*hydrargyrum*”，意思是“水银”。

◄ 一座钢结构的大桥。钢是铁、碳以及其他金属混合而成的合金。钢的强度很高，但却有很好的可塑性和弯曲性能。

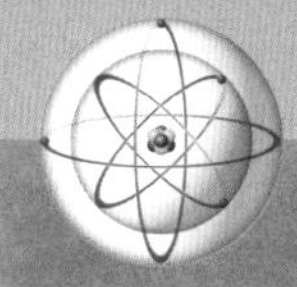

▲ 过渡金属化合物通常颜色鲜艳。铬能产生特别丰富多彩的化合物。铬的名字来自希腊语“*chroma*”，意为“颜色”。

元素的许多性质是由其原子组成结构决定的。在大多数情况下，过渡金属有许多价电子，除了参与化学反应外它们还有助于形成金属键。金属原子用来形成这些键的电子越多，金属键就越强。这种原子间的强化学键将每个原子束缚在固定位置，使金属异常的坚硬，因此需要很大的力量才能将它们分开或使它们变形。然而许多坚硬的过渡金属也是容易脆性断裂的，如铁和铬。也就是说，当它

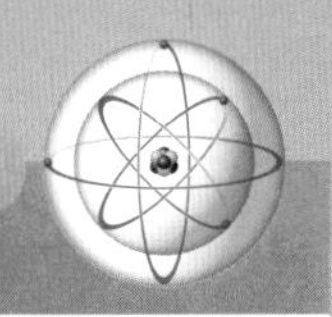

们断裂时，会变成碎片。这些金属可以通过与其他物质进行合金化，从而改善这种脆性。

强化学键也使金属原子结合得很紧密，因此一些过渡金属非常致密。测量物质的密度是比较它体积大小和重量轻重的一种方法。一块密度较大的物质比相同体积密度较小的物

工具和技术

温度测量

我们利用水银在常温下是液体的特点，制作了一种测量温度的工具——温度计。这种仪器是1592年发明的。它是在一个中空的玻璃管中填充水银，并在玻璃管上标有温度刻度。当温度升高时，水银膨胀并在玻璃管中向上移动，表示温度发生了变化。如今，水银温度计只在特定条件下使用，因为水银有毒。

▶ 一支用于测量一天中气温变化的水银温度计。

▼ 各种类型的电池。电池中含有过渡金属，如镍、镉和锰，它们参与反应产生电流。

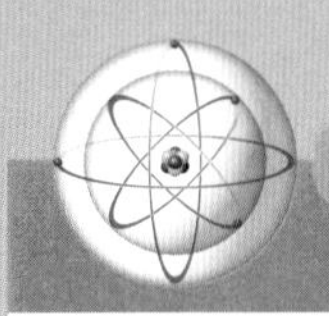

质重量更重。其中密度最大的过渡金属元素是锇（Os）。一块边长为1英寸（2.54 cm）的金属立方体重达13盎司（368.55 g），密度为22.5 g/cm^3，其重量是相同体积水的22.5倍。

这种强化学键造就了过渡金属的高熔点和高沸点，因为打破化学键需要大量的能量。大多数过渡金属的熔点都超过了1 832°F（1 000℃）。钨是所有金属中熔点最高的，达到6 192°F（3 422℃）。

关键词

- **副产品**：制造另一种材料时产生的物质。
- **地壳**：覆盖地球表面的固体岩石层。
- **熔点**：固体物质熔化成液体时的温度。
- **矿物**：一种天然化合物，如构成岩石和土壤的物质。

来源

一些过渡金属，如汞、金和铂，在自然界中就是纯净的。其他的则存在于与其他元素结合的矿物中。如铁和铜等具有价值的金属，是从这些被称为矿石的矿物中提取出来的。矿石是含有大量有价值的金属的矿物。其他一些稀有的过渡金属，不是从自己的矿石中提炼出来的，而是当提炼其他普通金属时，它们作为一种副产品

▼ 一个挖掘铜留下的巨大矿坑。

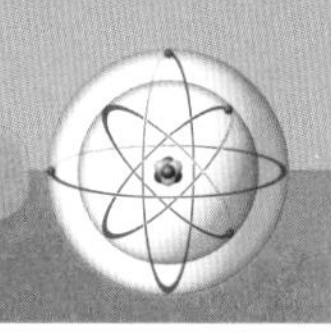

被获取。

铁是地球上常见的元素之一。科学家认为，地核是一个由高温的铁和镍（另一种过渡金属）组成的巨大球体。然而，地壳中的铁含量只有大约5%，是岩石层中第四丰度的元素。大多数铁与氧结合形成一种叫作氧化铁的化合物。

那些用自身矿石开采的过渡金属还有镍、锌和钛。在这些过渡金属中，钛在地壳中的含量排名第9，锌排名第23，镍和铜紧随其后。

这些矿石储藏通常位于近地表层，所以可以直接从地表挖出来，在这个过程中会形成巨大的矿坑。

铁和其他过渡金属通过熔炼工艺从其矿石中提炼出纯金属。在这个过程中，金属氧化物与碳（C）发生反应，碳从矿石中带走氧，留下纯金属。

稀有过渡金属也是以同样的方式提炼，只不过是作为副产物。例如，铑是提炼镍时的副产品，镉是提炼锌时的副产品。

▲ 赤铁矿晶体。这种矿物是一种含有铁和氧的化合物。赤铁矿是最主要的铁矿石类型。

▶ 原子序数为104～112的过渡金属是在实验室中制造的人造元素。它们是由化学家将较小的原子融合制成的。这些金属以著名科学家的名字命名。例如，𬬻是以发现原子核的新西兰化学家欧内斯特·卢瑟福的名字命名的。图为卢瑟福在1908年拍摄的照片。

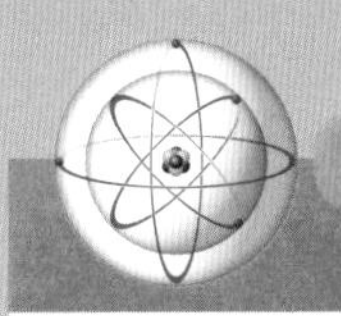

价电子

过渡金属的原子结构对其元素如何与其他元素形成键产生了很大影响。为了填充或清空最外层电子层，原子通过失去、获取或共享其价电子而形成化学键。

过渡金属在2个电子层中有价电子，而不是像大多数其他元素一样只在最外层电子层有价电子。因此，它们的原子通过这些电子与其他原子形成化学键的方式也更为复杂。

大多数非过渡族元素必须失去、获得或共享的电子数量是固定的，这样其原子就能变得稳定并形成化学键。然而，过渡金属可以使用不同数量的价电子形成化合物，这使得过渡金属的化学行为非常复杂。在许多情况下，过渡金属的一个原子可以与另一种元素的原子形成3种或4种不同的化合物。

▲ 这些烧杯装着不同的铜化合物溶液。每种溶液都有不同的颜色，因为这是铜以不同的结合方式形成的化合物。

化合价

化学家通过计算化学反应中的化合价来弄清过渡元素是如何形成化学键的。

尽管化合价只是一个数字，但是它向化学家显示了一个原子在与其他元素形

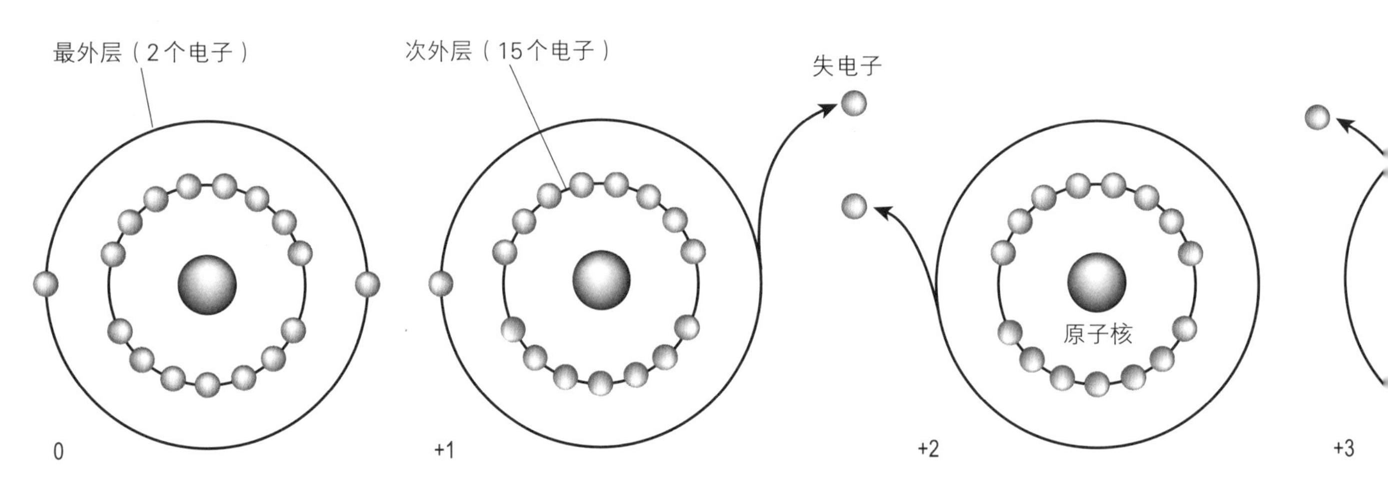

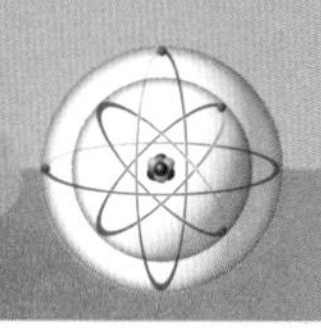

成化合物时失去或获得了多少个电子。例如，当非过渡金属镁（Mg）与非金属氧（O_2）反应时，它失去了2个价电子，形成了一种电荷为2+的镁离子（Mg^{2+}）。离子是失去或获得电子并因此带电的原子。氧获得2个电子填满了其最外层电子层，并形成带负电荷的离子氧离子O^{2-}。在本例中，镁的化合价为+2，而氧的化合价则为−2。

大多数过渡金属可以有一种以上的化合价。例如，锰的化合价有+7、+4、+3和+2。也就是说，锰原子在化学反应中最多可以失去7个电子。这比其他任何金属的反应价态都要多。铁的化合价有+3和+2，而铜的化合价有+2和+1。

▼ 钴离子有4种类型，每种都有一定的化合价。钴每失去一个电子，化合价数就会上升。

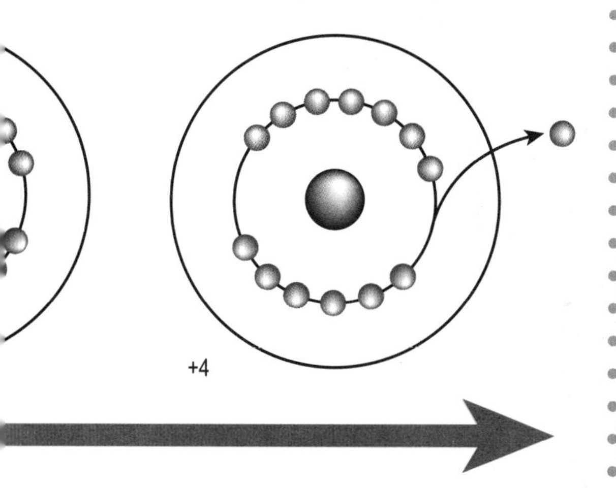

工具和技术

▲ 熔化的（液态）铁从一个巨大的钢包倒入模具中。

提炼金属

许多金属通过冶炼的方法从矿石中提炼。铁是冶炼的最主要金属，锰、钴和镍也是通过这种方式提炼。

冶炼是一系列化学反应，其中铁矿石与碳（C）反应，然后再与一氧化碳（CO）反应。反应的产物是纯金属、二氧化碳（CO_2）和废渣。反应的化学方程式如下：

$$2Fe_2O_3 + 3C \xrightarrow{\triangle} 4Fe + 3CO_2 \uparrow$$

炼铁的历史可以追溯到几千年前，但没有人知道到底是谁发明了这项技术。现今炼铁是在像大烟囱的高炉中进行的。铁矿石用焦炭加热，焦炭是一种几乎纯碳的煤。矿石熔化并与碳反应生成一氧化碳。这种气体会继续与矿石反应直到矿石中氧被耗尽，以产生纯净的熔融态铁水和二氧化碳。通过吹氧气可以烧掉混合物中的杂质。

少数过渡金属只有一种化合价。例如，钪是+3，锌只形成价态为+2的离子。

化学键的形成

过渡金属的化合价向化学家显示了其形成化合物有多少种离子。过渡金属与其他大多数金属一样也能形成离子化合物。带相反电荷的离子会相互吸引，当离子结合在一起时就形成了离子化合物。这种在2个离子之间的吸引力就形成了化学键。

虽然组成化合物的离子是带电荷的，但化合物本身是中性的——不带电荷。这是因为离子中相反的电荷彼此平衡。因此，过渡金属离子的化合价或电荷决定了它与多少其他离子形成离子键。

例如，当铜的化合价为+1（Cu^{+}）时，

▼ 铂是一种珍贵而稀有的过渡金属。这是一块天然铂。

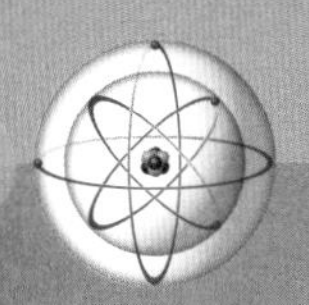

化学在行动

血液中的金属

铁在血液中至关重要，因为它与氧结合。铁是这种血红蛋白大分子的重要组成部分。在呼吸过程中肺部吸入的氧分子被血红蛋白所吸收，然后将其携带到全身各处。然而，并非所有动物都使用铁来达到这一目的。帝王蟹是蝎子和蜘蛛的海洋近亲，它们使用铜化合物在体内运输氧气，而不是铁的化合物。因为含有铜，螃蟹的血液是蓝色的。

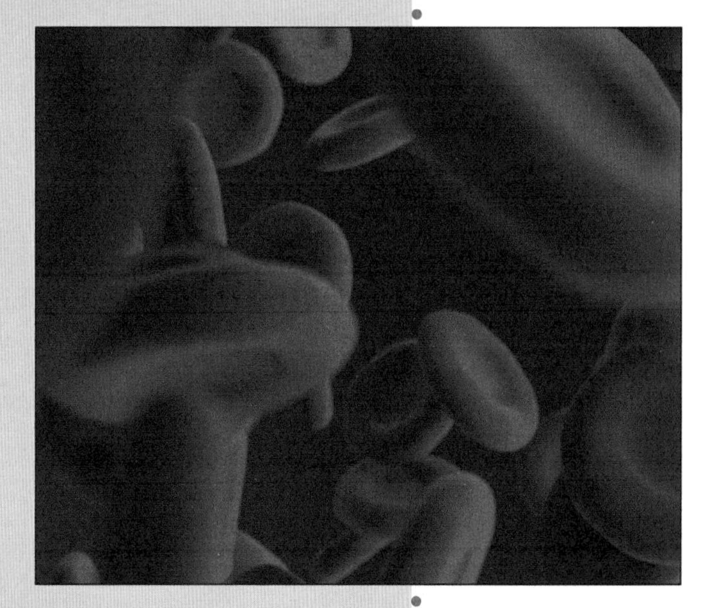

▶ 血液细胞流过血管的放大图像。这些细胞是红色的，因为它们含有大量的血红蛋白。

需要2个铜离子与1个氧离子（O^{2-}）结合形成化合物，该化合物分子式Cu_2O。化学家称这种化合物为氧化亚铜，或氧化铜（I）。在罗马数字中，“I”是“1”。当铜的化合价为+2（Cu^{2+}）时，它形成氧化铜，又叫氧化铜（II），分子式CuO。

催化反应

过渡金属通常是良好的催化剂。催化剂是促使化学反应加快进行的物质。例如：哈伯制氨法的过程中是使用铁（Fe）来催化制造氨气（NH_3）。化学反应方程式：

$$N_2 + 3H_2 \xrightarrow{Fe} 2NH_3$$

将铁的化学符号置于箭头上方表示是催化剂，它既不是反应物，也不是产物。铁在反应中发挥作用，但并不会消耗掉。在这个例子中，铁作为催化剂失去和获得电子（改变其化合价），氮（N）和氢（H）原子会有更多的机会相互结合发生反应。

过渡金属是良好催化剂的另一个原因是其他反应物质可以黏附在其表面。当这些反应物的反应受阻时，原子可以重新排列以形成新的化学物质。在化学反应中，

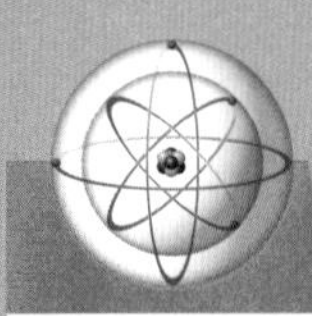

过渡金属作为催化剂可以将有机（碳基）短链分子转化为长链分子。例如，在镍催化剂作用和加热条件下，乙烯（C_2H_4）与氢气（H_2）反应生成乙烷（C_2H_6）。

金属催化剂以这种方式吸附其他原子。请注意，该词与“吸收”的含义不同。当某物被吸收时，它会混合成另一种新物质。当它被吸附时，是一种物质附着在另一种物质的表面，但保持了独立和不同。

应用广泛

过渡金属在工业中应用广泛，用于制造从防锈屋顶到耳环的各种金属物品。同时，许多金属对生物体内化学反应的发生至关重要。如果体内没有那几种微量的过渡金属，人们就会生病。

▲ 铂金条。铂与金、银同属于贵金属。这些过渡金属不易发生化学反应，因此不易生锈或变色，并且能长时间保持光亮和洁净。它们是稀有金属，价格昂贵，因此它们被称为贵金属。

正如我们所知，我们的血液中是一种铁化合物输送氧气，它使血液呈现红色。我们的身体还以类似的方式使用着其他过渡金属。有几种还是维生素的组成元素。例如，钴是维生素B_{12}的重要组成部分，维生素B_{12}天然存在于肉、蛋和奶制品中。人体要保持健康，还需要微量的过渡元素铬、锰、铜、锌等。然而，如果人们大量食用这些金属，也是会生病的。

关键词

- **催化剂**：能加速化学反应，但本身并不参与化学反应的物质。

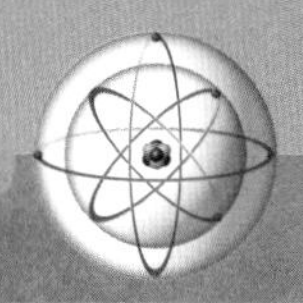

▶ 含有维生素B_{12}的食物。维生素B_{12}也被称为钴胺素，对身体健康至关重要。缺乏足够的维生素B_{12}会影响人体血液的健康。

▼ 20世纪50年代汽车上闪亮的尾灯。该金属配件由铬制成，是在钢制材料表面镀了一层铬。铬可以避免钢生锈，保持金属光泽且明亮。

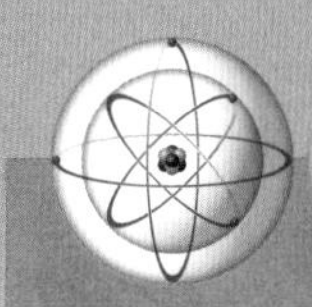

试一试

食物中的铁

许多食物都含有铁，这是有益于健康的。你可以从早餐的燕麦中提取铁。你需要一些麦片，一个拉链袋，一杯水，塑料食品包装纸、一张纸巾和一个粘在木棍上的小磁铁。将一些麦片装进密封袋中碾碎成细粉末。将粉末倒入碗中，并与水混合。用塑料食品包装纸包裹磁铁，并用其搅拌麦片水10分钟。然后用纸巾擦拭包装纸，你会看到纸巾上有黑色粉末，这就是麦片中的铁。再取用一些麦片继续重复上述步骤，你就可以获得更多的铁。

在工业生产中，铁是所有金属中最重要的。铁随处可见，其冶炼成本也很低。每年生产的纯金属中约95%是铁。纯铁非常脆，应用并不广泛。然而，当它与少量碳合金化后会变成一种兼具柔韧性和高强度的合金，称之为钢。

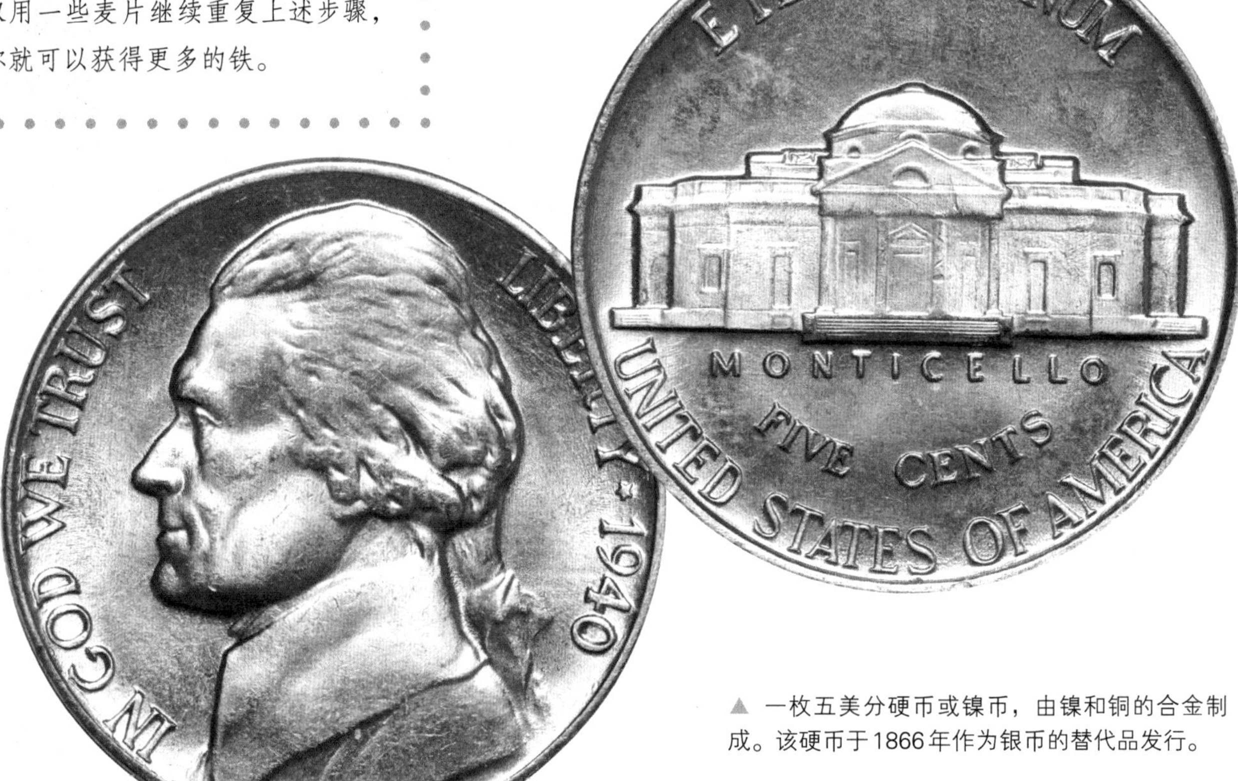

▲ 一枚五美分硬币或镍币，由镍和铜的合金制成。该硬币于1866年作为银币的替代品发行。

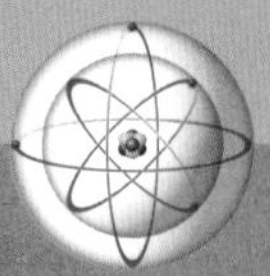

▲ 一个电磁铁在垃圾场搜捡废铁。电磁铁是有开关的磁铁，只有当电流通过电磁铁时，电磁铁才会拥有磁性。

许多其他过渡金属也很少以纯金属的形式被使用，而是与铁混合制成具有不同性能的钢。例如，添加铬来制造不生锈的不锈钢。含钼钢的硬度很高。有锌涂层的钢称为镀锌钢。这种合金也是防锈的，经常在户外使用。

作为纯金属使用的过渡金属包括金、银和钛，它们比钢更坚固，也更轻。铜是良导体，可用来制造电线。锌、镉和镍用于制造电池。

磁力

铁、钴和镍这三种过渡金属可以制成磁铁。磁铁是一个拥有两极的物体，通常称为南、北两极。当2个磁铁靠近时，相同的极相互排斥，相反的极相互吸引。这种磁力是由在这三种金属原子内电子的自旋产生的。其他金属或非金属元素是不能用来制造磁铁的。

7 类金属

类金属是所有元素中最不寻常的。它们兼具金属和非金属的性质。许多类金属是半导体，是制造电子产品的重要物质，如计算机和手机。

类金属，也称为半金属，是兼具金属和非金属性质的元素。这6种元素分别是硼（B）、硅（Si）、锗（Ge）、砷（As），锑（Sb）和碲（Te），在元素周期表上形成一条锯齿状的对角线，将金属与非金属分开。钋（Po）是一种放射性元素，有时也被认为是类金属。

砷和锑已经使用了数千年。砷通常被用作毒药和制造玻璃。古埃及人在眼部化妆中使用了有毒的锑化合物。其他类金属是从18世纪末到19世纪发现的。

类金属兼具了金属和非金属性质。有些是坚硬的，具有轻微光泽；另一些是易碎的粉末。类金属一些是导电

电路板芯片等电子元件都含有类金属，如硅和砷。

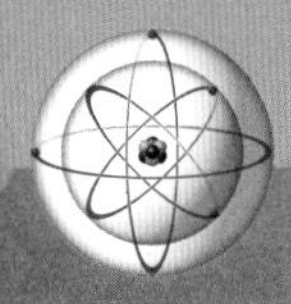

的，另一些是不导电的。此外，与金属不同，类金属非常脆，很容易破碎。

原子结构

类金属位于元素周期表第13列至第16列的几个族。因此，类金属具有多种原子结构。

硼在其最外层有3个电子；硅和锗有4个最外层电子；砷和锑有5个最外层电子；碲和钋有6个价电子。这些不同的

▶ 砷化镓样品的纯度通常在其被用于制造超导体导电之前进行检测。

化学在行动

类金属化合物

化合物	分子式	俗名	用途
三氧化二锑	Sb_2O_3	—	灭火剂
二氧化硅	SiO_2	硅石或沙子	用于制造玻璃和混凝土
硼酸钠	$Na_2B_4O_7$	硼砂	肥皂、清洁剂和漂白剂的成分
硅酸钠	Na_4SiO_5	硅胶	干燥剂
砷化镓	GaAs	—	用于太阳能电池和激光器
四氢化锗	GeH_4	锗烷	用于制造半导体
碲化镉锌	CdZnTe	—	用于辐射探测器和制作全息图的合金
砷酸铅	$PbHAsO_4$	—	杀虫剂

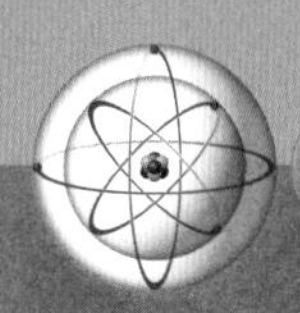

▲ 硫化砷。纯砷有两种存在形式。这种黄色粉末的砷，看起来像非金属。而灰色砷具有光泽，看起来更像金属。

类金属	外观	导电性
硼	金属和非金属形式	绝缘体
硅	金属和非金属形式	半导体
锗	金属性的	半导体
砷	金属和非金属形式	半导体
锑	金属性的	半导体
碲	非金属性的	绝缘体
钋	金属性的	绝缘体

原子结构对类金属的性质有很大的影响。

性质

由于其不同的原子结构，所有类金属没有共同的性质。相反，一些类金属比其他金属更具金属性，另一些则更具非金属性。例如，纯锗和纯钋看起来比其他类金属更像金属，而硼和砷更像非金属。大多数纯的类金属以两种形式存在，一种是金属，另一种是非金属。

来源

硅可能是最重要的类金属。它是地壳中含量第二丰度的元素（含量最丰富的元素是氧）。硅元素占地球上岩石和矿物的1/4以上。

在自然界中从未发现过单质的硅。它最常见的化合物是与氧形成的二氧化硅（SiO_2）。这种物质通常被称为硅石，这可能是我们最常见的沙子的微观晶体组成。二氧化硅也以其他形式出现，这些形式有其他名称。石英就是一种二氧化硅，存在于许多岩石中，如花岗岩。玉髓是在岩石中发现的另一种形式的硅化合物。许多宝石是有色的二氧化硅，例如碧玉、猫眼石、玛瑙和缟玛瑙。

虽然硅化合物很常见，但其他类金属则并不常见。它们几乎总是伴生在其他元

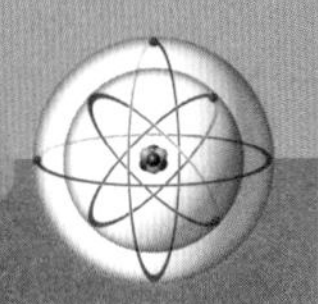

◀ 砷曾是一种难以检测的毒药，但现在有一种简单方法来检测人体内是否含有砷。

是提炼这些金属和锌的副产品。镭元素裂变（衰变）时产生放射性元素钋。钋裂变会生成铅。

素中。在许多情况下，类金属是精炼其他金属时的副产品。

砷通常以砷黄铁矿（FeAsS）的形式存在，它是铁（Fe）、砷（As）和硫（S）的化合物。由于砷有毒，且用途很少，因此通常不从这种矿石中提取，而是从处理其他金属时的副产品中获得。

硼有两种主要来源，即硼砂和四水硼砂。它们都是硼酸钠（$Na_2B_4O_7$）的存在形式。这些矿物的最大矿床位于加利福尼亚州名叫“Boron（硼）”的小镇，该镇就是以这种类金属命名的。

其他类金属的矿物质储量相对较少。锑以硫化矿物的形式存在，称为辉锑矿（SbS_3）。然而，辉锑矿很少用于提炼纯锑。纯锑主要来源于生产银和铅时的副产品。碲是金、铅和铜中常见的杂质。锗也

▶ 石英晶体，是二氧化硅的天然形式。石英是岩石中非常常见的矿物之一。沙子就是由微小的石英颗粒组成的。

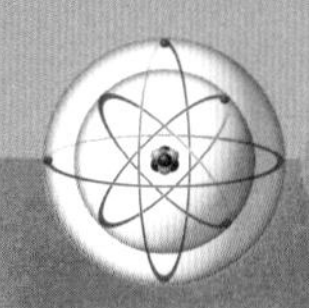

化学键的形成

除硼外，所有的类金属在其最外层都有4个或更多的价电子。因为最外层需要8个电子才能稳定，所以类金属通常通过与其他原子共享电子来获得额外的最外层电子以填充它们的电子层。这种共享形成共价键。

二氧化硅（SiO_2）是非常常见的含类金属的化合物，它就是通过共价键连接在一起的。产生二氧化硅的反应如下：

$$Si + O_2 \longrightarrow SiO_2$$

▶ 砷化镓是金属镓和砷的化合物。这种材料用于制造工作效率非常高的微芯片。

化学在行动

◀ 早期晶体管收音机。

▲ 一个儿童手里拿着晶体管。

电子制造中心

硅谷是北加州的一个地区。世界上许多微芯片都是在那里制造的。该区域之所以被称为硅谷，是因为硅是微芯片中最常用的材料。硅和其他一些类金属都是半导体。它们只在特定条件下导电。这种特性使它们非常适用于制造电子元件，如晶体管和二极管，这些元件用于计算机和其他机器。晶体管是在电路中引导电流的开关。二极管是仅允许电流单向流动的器件。微芯片由微型晶体管、二极管和其他电子元件组成。

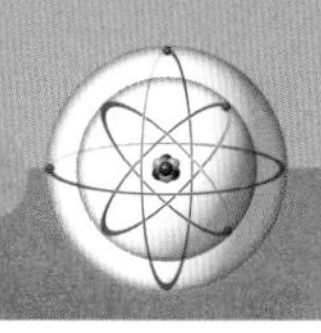

然而，原子结合形成二氧化硅的方式比这个化学方程式显示的要复杂。氧原子必须与其他原子共享2个电子才能稳定，硅原子要共享4个电子。在二氧化硅中，每个氧原子从两个硅原子中获得2个共享电子，并与它们结合。虽然其分子式为SiO_2，但每个硅原子与4个氧原子结合。二氧化硅的共价键将所有原子连接成一个巨大的网络或晶格。这使它成为一种非常坚硬和稳定的化合物。

用途

类金属最重要的用途是在半导体领域。硅和锗是主要的半导体类金属。其他类金属，如砷，可以微量添加到半导体中以调整其性能。这个工艺过程称为掺杂。

半导体是在热能、光能或电能存在的情况下导电的物质。例如，热敏电阻是受热影响的半导体。它们用于温度计和恒温器。光敏半导体用于太阳能电池，通过吸收太阳能发电，也用于感光器，以侦测光线。数码相机通过记录镜头后面感光器上形成的图像来拍照。

计算机以及此类机器都是受电流影响的半导体控制的。这些半导体充当开关或者是协同大量计算以执行复杂任务。

关键词

- **共价键**：两个或多个原子之间，通过形成共享电子对而形成的化学键。
- **半导体**：在常温条件下其电导率介于金属导体和绝缘体之间。

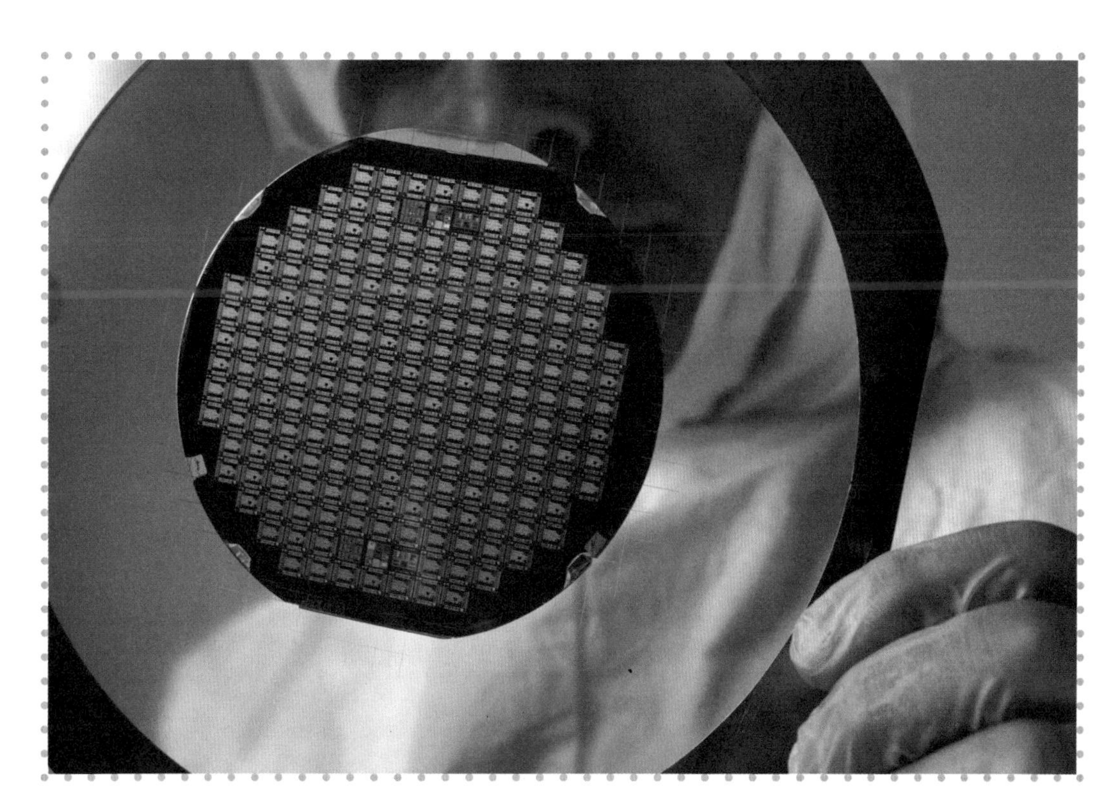

◀ 一个表面蚀刻有电子元件的薄硅片。薄硅片将被进一步切割成芯片。

元素周期表

原子结构

元素周期表根据物理和化学特性，将所有化学元素归纳进一张简单的表格中。化学元素按照原子序数从1到116排列，每种元素的名字缩写就是它的化学符号。一些元素的命名规则不同，比如钾的缩写就来自它的拉丁名（K代表kalium）。常见元素的名字会全部写在化学符

33 As
砷
74.92160(2)

33 —— 原子序数；As —— 化学符号；砷 —— 元素名称；74.92160(2) —— 原子质量

图例：氢；碱金属；碱土金属；金属；镧系元素

	ⅠA	ⅡA	ⅢB	ⅣB	ⅤB	ⅥB	ⅦB	ⅧB	ⅧB
1	1 H 氢 1.00794(7)								
2	3 Li 锂 6.941(2)	4 Be 铍 9.012182(3)							
3	11 Na 钠 22.989770(2)	12 Mg 镁 24.3050(6)							
4	19 K 钾 39.0983(1)	20 Ca 钙 40.078(4)	21 Sc 钪 44.955910(8)	22 Ti 钛 47.867(1)	23 V 钒 50.9415	24 Cr 铬 51.9961(6)	25 Mn 锰 54.938049(9)	26 Fe 铁 55.845(2)	27 Co 钴 58.933200(9)
5	37 Rb 铷 85.4678(3)	38 Sr 锶 87.62(1)	39 Y 钇 88.90585(2)	40 Zr 锆 91.224(2)	41 Nb 铌 92.90638(2)	42 Mo 钼 95.94(2)	43 Tc 锝 97.907	44 Ru 钌 101.07(2)	45 Rh 铑 102.90550(2)
6	55 Cs 铯 132.90545(2)	56 Ba 钡 137.327(7)	57-71 La-Lu 镧系	72 Hf 铪 178.49(2)	73 Ta 钽 180.9479(1)	74 W 钨 183.84(1)	75 Re 铼 186.207(1)	76 Os 锇 190.23(3)	77 Ir 铱 192.217(3)
7	87 Fr 钫 223.02	88 Ra 镭 226.03	89-103 Ac-Lr 锕系	104 Rf 𬬻 261.11	105 Db 𬭊 262.11	106 Sg 𬭳 263.12	107 Bh 𬭛 264.12	108 Hs 𬭶 265.13	109 Mt 鿏 266.13

镧系元素	57 La 镧 138.9055(2)	58 Ce 铈 140.116(1)	59 Pr 镨 140.90765(2)	60 Nd 钕 144.24(3)	61 Pm 钷 144.91
锕系元素	89 Ac 锕 227.03	90 Th 钍 232.0381(1)	91 Pa 镤 231.03588(2)	92 U 铀 238.02891(3)	93 Np 镎 237.05

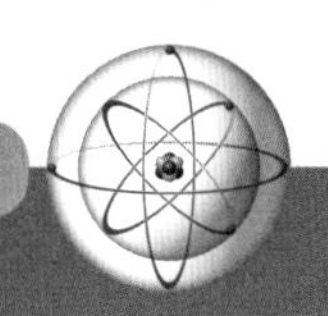

号下面。每个元素的单元格下方标记的数字是原子质量，这是元素原子的平均质量。元素周期表中的每一竖列表示一个族，每一横行表示一个周期。同一族的元素最外电子层中的电子数相同，也因此具有相似的化学特性。周期表示填满里层和外层电子层所需要的电子数，填满之后原子就达到稳定的状态。元素原子的电子壳层中填满电子后，下一个周期就会开启，等待纳入新元素。更多知识，请阅读第五卷。关于元素周期表的进一步解释，见第5卷。

锕系元素
稀有气体
非金属
类金属

ⅧB	ⅠB	ⅡB	ⅢA	ⅣA	ⅤA	ⅥA	ⅦA	ⅧA
								2 He 氦 4.002602(2)
			5 B 硼 10.811(7)	6 C 碳 12.0107(8)	7 N 氮 14.0067(2)	8 O 氧 15.9994(3)	9 F 氟 18.9984032(5)	10 Ne 氖 20.1797(6)
			13 Al 铝 26.981538(2)	14 Si 硅 28.0855(3)	15 P 磷 30.973761(2)	16 S 硫 32.065(5)	17 Cl 氯 35.453(2)	18 Ar 氩 39.948(1)
28 Ni 镍 58.6934(2)	29 Cu 铜 63.546(3)	30 Zn 锌 65.409(4)	31 Ga 镓 69.723(1)	32 Ge 锗 72.64(1)	33 As 砷 74.92160(2)	34 Se 硒 78.96(3)	35 Br 溴 79.904(1)	36 Kr 氪 83.798(2)
46 Pd 钯 106.42(1)	47 Ag 银 107.8682(2)	48 Cd 镉 112.411(8)	49 In 铟 114.818(3)	50 Sn 锡 118.710(7)	51 Sb 锑 121.760(1)	52 Te 碲 127.60(3)	53 I 碘 126.90447(3)	54 Xe 氙 131.293(6)
78 Pt 铂 195.078(2)	79 Au 金 196.96655(2)	80 Hg 汞 200.59(2)	81 Tl 铊 204.3833(2)	82 Pb 铅 207.2(1)	83 Bi 铋 208.98038(2)	84 Po 钋 208.98	85 At 砹 209.99	84 Rn 氡 222.02
110 Ds 𫟼 (269)	111 Rg 𬬭 (272)	112 Cn 鎶 (277)	113 Uut * (278)	114 Fl 𫓧 (289)	115 Uup * (288)	116 Lv 𫟷 (289)		118 Uuo * (294)

62 Sm 钐 150.36(3)	63 Eu 铕 151.964(1)	64 Gd 钆 157.25(3)	65 Tb 铽 158.92534(2)	66 Dy 镝 162.500(1)	67 Ho 钬 164.93032(2)	68 Er 铒 167.259(3)	69 Tm 铥 168.93421(2)	70 Yb 镱 173.04(3)	71 Lu 镥 174.967(1)
94 Pu 钚 244.06	95 Am 镅 243.06	96 Cm 锔 247.07	97 Bk 锫 247.07	98 Cf 锎 251.08	99 Es 锿 252.08	100 Fm 镄 257.10	101 Md 钔 258.10	102 No 锘 259.10	103 Lr 铹 260.11